우리강산푸르게푸르게총서 · 08

숲으로 간 학교

해외 체험 현장교육 사례연구

탁 광 일

국민대학교 출판부

감사의 글

필자가 School For Field Studies (SFS) 캐나다 센터에 근무하는 동안 가장 인상 깊었던 점은 학생들이 재미있고 즐겁게 배운다는 점이었다. 배우는 것이 재미있고 즐거운 활동이 되기 때문에 학생들의 프로그램에 대한 만족도와 학습효과가 높은 교육을 실시 할 수 있었다. 필자는 SFS 캐나다 센터에서 처음 근무를 시작할 때 해외의 오지에 위치한 학교에서 운영되는 프로그램에 왜 학생들이 관심을 갖게 되고, 자신이 살고 있는 곳으로부터 멀리 떨어져 있는 곳을 마다 않고 찾아오는지, 또 학생들이 왜 배우는 것을 즐겨하고 재미있어 하는지에 대해 의문을 갖게 되었다. SFS 캐나다 센터에 근무하면서 이 같은 의문은 차차 풀리게 되었고 환경교육에 대한 여러 가지 생각을 좀더 명료하게 할 수 있었다. 그러나 그러한 생각을 정리 할 기회를 갖지 못하다가 이번 기회를 통해 이를 체계적으로 정리하고 보완 할 수 있게 되어 매우 다행스럽게 생각한다.

이 책은 많은 분들의 협조와 도움이 있었기에 가능 할 수 있었다. 우선 유한킴벌리사의 환경교육에 대한 관심과 관대한 재정적 지원이 있었기에 가능했다. 특히 본 연구제안을 흔쾌히 허락해주신 이은욱 전무와 연구가 원활히 진행될 수 있도록 행정적 도움을 주신 손승우 팀장께 심심한 감사의 말을 전한다.

본 연구의 가장 중추적인 부분이라고 할 수 있는 School For Field Studies의 각 프로그램에 대한 연구 조사를 위한 여러 가지 자료와 조언을 아끼지 않은 School For Field Studies 본부에도 심심한 사의를 표한다. 특히 멕시코센터와 코스타리카 센터를 프로그램 기간 중 참관 할 수 있도록 배려해 주신 학교 본부의 Paul Houlihan 총장께 특별한 감사의 말을 전하고 싶다. 또한 두 센터에 체류하는 동안 안락한 생활을 위해 따뜻한 보살핌과 도움을 아끼지 않은 코스타리카 센터와 멕시코 센터의 교직원들 모두에게 감사드린다. 특히 필자가 두 센터에 체류하는 동안 수많은 질문에 대해 주저 없이 친절하고 세밀하게 답변 해주었으며, 좋은 연구 결과를 위해 여러 가지 조언을 아끼지 않았으며, 방문기간 중 많은 곳을 보고 경험 할 수 있도록 배려해 주신 코스타리카 센터의 Dr. Nolan Quiros 소장과 멕시코 센터의 Dr. Francisco Ollervides 소장께 특별한 감사의 말을 전한다. 두 사람은 또 현장 중심의 체험적 환경교육에 대한 자신들의 열정과 철학을 아낌없이 필자에게 보여주었다. 또한 바쁜 일정 가운데 귀한 시간 내어 교육프로그램 소개와 연구소 시설을 안내 해준 몬테베르데 인스티튜트의 Nat Scrimshaw 소장께도 심심한 사의를 표한다.

목 차

1. 머 리 말

우리나라는 협소한 국토공간과 과밀한 인구 등 환경적으로 불리한 여건을 많이 지니고 있다. 또한 세계에서 유례가 없을 정도로 초고속의 경제발전을 이룩하면서 그에 따른 환경적 대가를 톡톡히 경험하고 있다. 짧은 기간 내에 높은 경제성장을 이루었지만, 우리 주위의 자연환경이 지속가능성을 상실하면서 우리사회는 여러 면에서 예전보다 더 살기 어려운 사회로 변해가고 있다. 우리사회를 살기 좋고 지속가능하게 만들기 위해 환경문제의 해결이 그 어느 때 보다 더 중요한 과제가 되고 있는 가운데 이를 위한 각계각층의 노력들이 여러 차원에서 추진되고 있는 것도 사실이다. 시민들이나 학생들에게 환경의식을 높이기 위한 환경교육의 확산도 그 같은 예 중의 하나이다. 얼마 전부터 우리나라의 환경교육도 교실 밖으로 나가 현장에서 직접 체험하거나 관찰하는 추세로 변하고 있다. 최근의 학교 담장을 허물고 학교 숲을 조성하는 운동의 확산, 공원, 휴양림, 수목원 등에서 성황리에 진행되고 있는 여러 가지 자연 체험 프로그램, 자연관찰이나 생태 탐방로 확대, 해외 사례를 참고하기위해 환경교육 담당자들의 해외 환경현장 방문도 등이 그같은 추세를 잘 말해주고 있다.

환경교육의 중요성에 대한 인식이 이처럼 크게 확산되고 있고, 실제로 체험환경 프로그램이나 교육활동이 크게 늘어나고 있는 가운데서도 우리나라에서 현재 실시되고 있는 체험 환경교육은 다음과 같은 몇 가지 한계를 여전히 벗어나지 못하고 있다.

현재 교실 밖에서 이루어지고 있는 우리나라의 체험 환경교육은 자연관찰이나 체험을 통해 자연 해득력과 개인의 환경의식을 높이는 효과는 있을지 몰라도, 체험 그 이상으로 진전되지는 못하고 있다. 환경교육의 목적이 우리사회를 좀더 살기 좋고 지속가능한 사회로 만드는데 있다면 환경교육을 통해 학생들에게 요구되는 것은 체험 이상의 것이어야 할 필요가 있다. 자연체험의 중요성은 아무리 강조해도 지나치지 않지만 악화일로에 있는 우리나라의 환경적 변화를 감안 할 때 환경교육을 통해 좀더 구체적이고 실질적인 문제 해결 능력의 배양이 요구된다.

환경문제는 인간이 자연을 이용하는 과정에서 발생하는 것이기 때문에 사실상 환경문제는 지역사회의 문제라고도 할 수 있다. 따라서 지역사회는 환경문제 해결의 구심점이 될 수 있다. 즉 지역사회는 구체적으로 환경문제 해결을 시도해 볼 수 있는 변화의 실험실이며 문제 해결을 성공적으로 이끌었을 때는 비슷한 환경문제를 갖고 있는 다른 지역사회를 위한 모델이 될 수 있다. 이런 관점에서 지역사회의 환경문제는 그자체가 훌륭한 교육기회가 될 수 있다. 또 지역사회의 환경문제를 개선하는 것은 무엇보다 가치 있고 의미 있는 일이기도 하다. 따라서 지역사회는 자연생태계와 마찬가지로 체험 학습 현장이 될 수 있다. 지역사회와 환경교육은 이처럼 밀접한 연관을 맺고 있음에도 불구하고 아직까지 우리사회에서 이 두 가지를 서로 연결시켜 지역사회의 환경문제를 해결하고 교육효과도 동시에 거두려는 노력은 매우 미흡한 실정이다.

지구촌화한 세계에서 한 나라의 환경문제는 그 나라만의 문제로 남지 않고 다른 나라나 지구전체적으로 그 영향이 미친다. 즉 우리나라의 환경문제는 다른 나라의 환경문제와 연관되어 서로 영향을 주고받게 된다. 따라서 국내적 환경문제일지라도 국제적 관점에서 접근해야 할 필요성이 크게 높아진 것이다. 예를 들어 우리가 수입하는 많은 식량자원들이 다른 나라에서 어떻게 생산되고 유통되어 우리에게 전달되는지와 같은 문제는 우리사회를 건강하고 안전하게 이끌기 위해서도 앞으로 많은 관심을 기울이지 않으면 안 될 분야이다. 그럼에도 불구하고 이 분야에 대한 우리의 이해는 매우 한정되어 있다.

본 연구 조사는 위와 같은 한계를 안고 있는 우리나라의 환경교육을 지역사회의 환경문제 해결에 실질적인 도움이 될 수 있는 좀더 현실적이고 의미 있는 환경교육으로의 변화를 모색하기 위해서 추진되었다.

이를 위해 1부에서는 우리가 현재 처해 있는 환경적 현실을 국내외적으로 살펴보고, 그같은 환경적 현실에 대처하기 위해 각 분야에서 일고 있는 여러 가지 변화를 정리해 본 다음 그와 같은 변화에 부응하는 환경교육의 내용이나 방식은 어떠해야 하는지를 살펴보았다. 또한 숲 속에서 교육이 이루어져야 할 당위성, 그럴 경우 얻을 수 있는 교육적 효과 등도 함께 짚어보았다.

2부에서는 이 연구보고서의 취지와 일치하는 해외의 환경교육기관을 대상으로 실시한 사례연구 결과를 정리하였다. 본 연구 조사의 목적이 체험적 환경교육이니 만큼 연구방법도 교육현장을 생생하게 체험 할 수 있는 현지조사에 많은 시간과 노력을 할애 했다. 캐나다, 멕시코, 코스타리카, 호주 등에서 체험중심, 현장 중심, 문제 해결 중심의 교육을 실시하고 있는 환경 교육기관을 방문해 프로그램을 직접 참관하거나 프로그램 운영자들과 인터뷰를 통해 각 프로그램의 내용, 운영방법, 프로그램의 특징과 공통점등을 수집하여 정리하였다.

3부에서는 각 교육기관이 실시하는 프로그램이 구체적으로 어떤 내용으로 어떻게 실시되는 지에 관해 독자들의 이해를 돕기 위해 조사대상 교육기관이 실시하고 있는 대표적인 교육 프로그램에 관한 내용을 수집하여 정리하였다. 여기에는 각 교육기관이 위치해 있는 지역사회가 안고 있는 환경문제의 배경, 지역사회 환경문제로부터 교육 프로그램 설계 과정, 커리큘럼 내용, 연구조사활동 내용, 교육방법 등을 소개 하였다. 이부분에서는 지역사회, 환경교육, 연구조사활동 세 가지가 어떻게 유기적으로 연관을 맺고 서로 도움을 주고받는지를 설명하였다.

본 연구 조사를 통해 얻은 결론은 좀더 실질적이고 의미 있는 환경교육을 위해서 우리나라 환경교육이 자연체험이나 관찰 차원 이상의 문제해결

중심의 환경교육으로 전환되어야 하며, 이론적 학문적이 아닌 지역사회의 현실적 환경문제를 직접 다루는 교육이 되어야하며, 지역사회를 하나의 체험 학습장으로 삼아 지역사회의 환경문제를 교육목적으로 적극 활용하며, 지역사회의 환경문제를 다루면서 학생들이 환경문제 해결 과정에 직접 참여하여 해결과정을 체험을 할 수 있어야 하며, 국제적 측면에서 환경문제의 이해를 증진시키기 위해 다른 나라의 환경문제에 대한 관심과 해외환경 현장 체험 등이 강화되어야 한다는 점이다.

2. 왜 학교를 숲으로 보내야 하는가?

①

②

③

④

◎ 사진 설명 : ① 파괴되지 않은 원시림 숲속 풍경, ② 친생태적 임업활동 현장 방문, ③ 고목림 구조 연구를 위한 나무 연령조사 장면, ④ 연어 서식하천 현장 강의

가. 우리가 남기는 생태적 발자국

(1) 세계를 보는 두 가지 시각

오늘날 세계에서 일어나고 있는 변화는 다음과 같이 정반대의 두가지 시각으로 설명 할 수 있다. 우선 경제발전 및 성장주의자들은 다음과 같이 설명한다.

"세계 총 생산은 지난 50년 간 7배로 늘어났고 일인당 총생산도 1950년 2천2백 달러에서 7천7백 달러로 3.5배나 늘었다. 식량 생산도 크게 늘어나 세계 곡물 생산은 1960년대 초 8억 톤이던 것이 18억 톤으로 3배가량 늘어났고, 일인당 곡물 생산량은 1961년 260킬로그램에서 300킬로그램 이상으로 늘어났다. 육류 생산량은 1950년대의 4천4백만 톤에서 2002년에는 5배가량 늘어난 2억4천만 톤으로 늘어났고 일인당 육류 소비량은 1950년 17킬로그램에서 2002년 39킬로그램으로 2배 이상 늘어났다. 이와 함께 에너지 사용량도 지난 50년 동안 크게 늘어나 석탄 2배, 석유 7.5배, 천연가스 13배로 늘어났다." (World Watch Institute, 2004)

반면 환경주의자들은 경제성장으로 인해 지구 생태계가 빠른 속도로 파괴되었다면서 다음과 같이 말할 것이다.

"세계는 열대우림이 매일 3만 ha (서울의 절반) 씩 또는 매초 당 1 에이커 (약 1200평) 씩 파괴되고, 매일 사막화가 1만8천 ha 씩 (여의도의 두 배) 진행되고 있으며, 매일 40종에서 250 종의 동물과 식물들이 멸종되고 있으며, 매일 25만 명의 인구가 늘어나고 있으며, 2,700 톤의 오존층 파괴 물질인 염화불화탄소 (CFC)를 뿜어내고 내고 있으며, 1천5백만 톤의 이산화탄소를 대기 중에 배출하고 있다. 이 같은 현상이 일년 동안 계속되면 년 간 파괴되는 열대우림의 면적은 남한 보다 더 크고, 일년 동안 사막으로 변한 면적은 남한의 3분의 2에 해당하는 면적이 된다. 일년 동안 세계 인구는 9천만 명이 늘어나고 년간 1000종 이상의 동식물들이 멸종되고, 지난 100년 사이 20%의 생물 종들이 사라졌다. 바다에서는 지난 50년간 참치, 상어, 홍어, 대구, 광어 등 대형 물고기들의 개체수가 90% 이상 감소되었다." (World Watch Institute, 2004).

대상을 세계에서 우리나라로 좁혀 우리나라에서 일어나고 있는 변화도 다음과 같이 비슷하게 설명할 수 있다.

"우리나라 총 소득 규모는 1970년 82억 달러에서 2003년 6061억 달러로 74배 늘어나 소득 규모 면에서 1970년 세계 126위에서 2003년 50위로 뛰었으며, 1인당 국민 소득도 1970년 254달러에서 2003년 12,646달러로 50배가량 늘어나 세계 순위 39위에서 10위로 상승하였다." (한국은행, 2004)

그러나 환경적 또는 사회적으로 우리는 도시화 산업화 등으로 산림면적이 1960년에 비해 30만 ha가 줄었으며, 서식 공간 파괴 및 남획 등으로 매년 300여종의 동식물이 멸종되고 있다. 폐기물 발생량은 지난 10년 사이 하루 12만 톤에서 27만 톤으로 2배 이상 늘어났고, 대기오염물질인 아황산가스나 일산화탄소 발생량은 1991년과 2001년 사이 청정 연료 사용 등으로 전체적으로 반 이하로 크게 줄었으나 자동차에 의한 일산화탄소 및 먼지발생 비율은 각각 하루 6만 톤에서 8만 톤으로, 1만8천에서 3만1천 톤으로 크게 늘어났다. 인구는 1981년 3천9백만에서 2004년 4천8백만으로 23년 사이 26% 증가하였고 인구의 도시 집중비율도 75년 48%에서 현재 80%가량으로 크게 높아졌다. (통계청, 2004)

경제 지표들은 대체로 증가하거나 상승하는 방향으로 변하고 있는 반면 환경지표는 감소 또는 악화일로에 있다. 이와 같은 경제 지표나 생태 환경 지표들은 한쪽에 치우친 시각으로 사회 환경적 변화를 나타낸 것이기 때문에 한 사회의 지속가능 정도를 객관적으로 설명하는 지표로서 부족하다. 즉 우리나라가 경제적으로 지난 30여 년간 국민 총소득이나 일인당 소득이 각각 74배와 50배로 크게 늘어나는 놀랄만한 성장을 보였는데 그것이 우리의 삶의 질이나 개인의 행복도 같은 정도로 향상되었는지는 제대로 설명해주지 못하고 있다. 또 삶의 질과 밀접한 관련을 맺고 있는 자연환경과 생태계의 지속가능성 및 건전성 등이 어떻게 변화했는지도 전혀 설명해주지 못하고 있다.

(2) 생태적 발자국 지표

'생태적 발자국' (ecological footprint)은 위와 같은 경제 지표나 환경 지표가 지니는 약점을 보완해 개발된 새로운 지속가능성 지표이다.

캐나다 브리티시컬럼비아 대학의 빌 리스 (Bill Rees)와 마티스 와커나겔 (Mathis Wackernagel)은 1990년대 중반 인간의 소비가 지구 생태계에 미치는 영향을 계량하는 방법의 하나로 '생태적 발자국' 이라는 지표를 개발했다. 이 지표는 인간의 삶을 뒷받침하기 위해 필요한 토지면적 계산으로 압축된다. 즉 인구가 소비하는 식량, 의복, 주택, 에너지, 여가 활동 등을 뒷받침하기 위해 필요한 농지, 목축지, 임지, 해양면적이 얼마나 되는지를 계산하는 방법이다(Wackernagle and Rees, 1996). 이 지표는 우리가 필요로 하는 식량이나 자원을 생산할 뿐만 아니라 인간의 각종 활동에 따라 발생되는 폐기물들을 정화시키는데도 생태계가 필요하다는 인식에서 출발한다. 즉 각종 쓰레기 및 오폐수 처리 및 대기 오염을 정화시키는데 강, 바다, 숲 등이 필요하기 때문이다. 석유나 석탄과 같은 에너지 소비량은 같은 열량을 발생하는 땔감나무의 양으로 환산한 다음 같은 양의 목재를 생산 할 수 있는 숲으로 변환시키고 이를 다시 그만한 숲을 지탱 할 수 있는 토지의 크기로 환산한다. '생태적 발자국'은 우리의 소비활동과 토지의 생산능력을 직접 연관 시킨 지표로 지속가능성을 잘 표현해 준다.

우리사회가 생태계의 부양능력을 초월하는 소비 문제를 해결하기 위해 그동안 써왔던 방법은 과학 기술을 이용하여 생태계의 생산능력을 높이는 방법이었다. 문제가 공급 쪽에 있는 것으로 파악하고 어떻게 하면 공급을 늘려 늘어난 소비수준에 맞추느냐하는데 초점을 두었다. 인간의 소비측면을 고려하지 않은 이 같은 접근방법은 많은 한계점을 드러냈다. 반면 '생태적 발자국'크기에 의한 방법은 인간의 소비수준과 생태계가 이를 뒷받침 할 수 있는지를 비교하는 방법으로 전자에 비해 지속가능성 실현을 위해 좀더 현실적인 접근 방법으로 받아들여지고 있다. 이 방법을 이용해 우리나라 국민의 년간 목재 및 종이 소비량을 뒷받침하기 위해 필요한 산림면적의 크기를 계산해 보자.

(3) 우리가 매년 숲에 남기는 생태적 발자국의 크기

우리나라의 목재 및 종이 소비량에 대한 국립산림과학원의 연구결과는 다음과 같다. 우리나라 국민 일인당 매년 0.628m^3의 목재를 소비한다. 이는 둘레 23cm 높이 18m의 강원도 소나무 두 그루에 해당된다. 일인당 연간 종이 소비량은 0.36m^3로 같은 크기의 강원도 소나무 1.2그루에 해당한다. 둘을 합친 일인당 연간목재 및 종이소비량은 0.988m^3 또는 강원도 소나무 3.2그루가 된다. 이는 우리나라 국민 한사람의 연간 종이 및 목재소비량을 뒷받침하기 위해선 매년 강원도 소나무 3.2그루가 필요하다는 의미가 된다. 일인당 연간 목재 및 종이 소비량을 숲의 밀도가 비교적 높은 강원도 산림 (84m^3/ha)으로 환산하면 일인당 매년 0.012ha의 강원도 임지를 필요로 한다는 계산이 나온다. 헥타르 당 숲의 밀도가 비교적 낮은 경기도의 산림 (56.6m^3/ha)으로 환산하면 일인당 0.017 ha의 임지가 있어야 연간 목재 및 종이소비량을 충당 할 수 있다는 계산이 나온다. 우리나라 국민전체 (4,685.8만명, 1999년 기준)의 년간 목재 및 종이 소비를 뒷받침하기 위해 필요한 산림면적은 강원도 산림 56.2만 ha 또는 경기도 산림 79.7만 ha가 필요하다. 실제 강원도 산림면적이 137.3만 ha, 경기도 산림면적이 54.3만 ha임을 고려하면, 우리나라 목재수요를 모두 국내에서 조달한다면 강원도 산림은 2년 반 정도만에 고갈되며, 경기도의 산림을 이용한다면 1년도 채 되기 전에 고갈되는 결과가 나온다. 즉 우리 나라국민이 해마다 우리 숲에 남기는 '생태적 발자국'의 크기가 경기도의 모든 숲의 면적보다 큰 셈이다. 또한 수입에 의존하지 않고 전적으로 우리나라 숲에서만 국내 목재수요를 충당한다면, 우리나라 숲 전체가 14년여 만에 고갈되는 결과가 나온다. 대부분의 목재를 국외로부터 조달하고 있는 현실을 감안하면, 우리국민들의 소비로 인해 발생하는 생태계의 발자국의 대부분을 다른 나라 숲에 남기고 있는 셈이다. 매년 세계 어디선가 경기도만한 숲이 우리국민들의 소비로 인해 파괴되고 있다는 의미가 된다. 매년 남의 나라 숲에 그만큼 생태적 빚을 지고 있는 셈이다.

(4) 인류 문명이 남기는 생태적 발자국 크기

세계 각국의 지속가능성 성취정도를 파악하기위해 '생태적 발자국' 크기를 정기적으로 집계하는 글로벌 풋 프린트네트워크 (Global Footprint Network)에서 최근 발표한 것에 따르면 현재 인류문명이 남기는 '생태적 발자국'은 일인당 2.2ha (축구장 2개의 넓이)인 반면 자연자본량 즉 지구의 생산능력을 떨어뜨리지 않고도 인류의 소비를 감당 할 수 있는 지속가능한 생태계의 생산능력은 일인당 1.8ha로 나타났다 (Global Footprint Network, 2004). 1.8ha는 은행에 맡겨둔 원금처럼 매년 1.8헥타르로부터 발생하는 이자만큼 만 소비하면 지구의 생산능력을 지속가능하게 유지할 수 있다. 그러나 현재 인류는 2.2ha의 '생태적 발자국'을 만들면서 원금에 해당하는 자연자본을 까먹고 있는 중이다.

같은 연구기관이 조사한 우리나라의 지속가능성 성적표를 보면 지구 전체 평균보다 훨씬 더 심각하다. 우리 국민 한사람이 일년 동안의 소비로 인한 '생태적 발자국' 크기는 지구 평균 2.2ha를 훨씬 웃도는 3.4ha다 (Global Footprint Network, 2004). 반면 우리나라 국토의 일인당 자연자본량은 0.6ha에 불과하다. 일인당 자연자본량 만으로 따지면 우리의 환경적 현실은 이라크나 이란 우즈베키스탄 등 중동의 사막국가들과 비슷하며 중국 (0.8ha)보다도 못하다. 우리나라의 생태적 발자국과 자연자본량 간에 차이가 나는 부분은 현재 수입으로 충당하고 있어 우리 국민 한 사람의 소비로 인해 매년 2.8ha '생태적 발자국'이 다른 나라에 남겨지고 있다. 매년 다른 나라에게 그만큼 생태적 빚을 지고 사는 환경적으로 떳떳치 못한 입장에 처해 있는 것이다. 더욱더 심각한 현상은 우리나라 국민의 소비를 뒷받침하기 위해 필요한 생물학적 생산능력은 1960년대 초 우리나라 국토의 7할만 가지고도 충분했는데 현재는 5.7개의 우리나라가 필요할 정도로 크게 늘어난 것이다. 이 같은 증가 속도는 세계에서 유례를 찾아 볼 수 없을 정도로 빠른 것이다.

(5) 이스터 섬 신드롬

이스터 섬은 남미 대륙에서 서쪽으로 3200 킬로미터 떨어진 남태평양의 외딴 섬이다. 서쪽으로 제일 가까운 핏케이언 (Pitcairn)섬도 2000 킬로미터나 떨어져 있다. 이스터 섬의 크기는164 평방킬로미터로 여의도의 두 배 정도 밖에 되지 않는다. 이 섬에는 모아이라 불리는 200여기의 거대한 석상들이 해안선을 따라 서있고 제작 중 방치된 700여기의 모아이가 미완성 상태로 남아있다. 모아이 중 큰 것은 높이 20미터 무게 100톤 가까이 나가는 것들도 있다. 석상은 이를 제작하고 운반 및 설치에 따르는 숙련된 기술뿐만 아니라 이 같은 사업을 완수하려면 잘 발달된 사회조직이 필요하기 때문에 석상의 존재는 고도로 발달된 이 섬의 문명을 상징한다. 그러나 1722년 부활절 네덜란드 탐험가 로게빈이 서양인으로는 최초로 이 섬에 도착했을 때 섬에는 석상을 운반하고 설치하는데 사용한 문명의 흔적이라곤 아무것도 남아 있지 않았다. 섬에는 나무 한 그루 없이 잡초와 관목류의 덤불로 덮인 황량한 들판 뿐 이었다. 그러나 최근 학자들의 연구를 통해 이 섬에는 한때 높이 25미터 지름이 2미터 가까이 되는 거대한 야자나무들이 숲을 이루고 있었으며 여러 종류의 동식물들이 서식하고 있었던 것으로 밝혀졌다. 원주민들은 야자나무를 이용해 석상을 운반하고 설치할 수 있었을 뿐만 아니라 통나무를 파서 만든 카누로 먼 바다까지 나가 고기나 돌고래 등을 잡아 식량으로 썼다. 그러나 인구가 늘고 부족 간 석상 세우기 경쟁이 일면서 섬 안의 나무들이 모두 베어지고 비옥했던 토양은 빗물에 씻겨 농사를 지을 수 없는 황무지로 변했다. 더 이상 카누를 만들지 못하게 된 원주민들은 바다에서도 식량을 구할 수 없게 되었다. 한때 만 명에 이르던 인구는 로게빈이 이 섬에 도착했을 당시 2000여명으로 줄었고 주민들은 식인 풍습과 함께 기아선상에서 비참한 생활을 하고 있었다 (Pointing, 1991). 이 이야기는 거대한 석상을 세울 만큼 고도로 발달되었던 문명이 생태계 파괴와 함께 몰락한 것을 매우 극명하게 보여주는 예다.

해외로부터 자연자본을 수입할 수 없었다면 우리나라는 오래전에 이스터 섬처럼 변해버렸을 것이다. 앞으로 당분간은 지금까지 그래왔던 것처럼 해외에서 빌려온 자연 자본으로 현재수준의 소비를 감당 할 수 있을런지 모르겠지만 그같은 상태가 오래 지속될 수 없다는 것은 지구전체의 자연자본량과 소비량을 비교해 보면 쉽게 알 수 있다. 위에서 살펴본 것처럼 지구의 지속가능한 생산량을 훨씬 웃도는 소비가 이루어지고 있는 현재 지구는 이미 하나의 이스터 섬처럼 변해가고 있다. 무한 성장을 가정하고 있는 국민소득 2만 불 또는 3만 불과 같은 목표는 달성가능성 유무를 떠나 이와 같은 국내외의 환경적 현실에 비춰 볼 때 의미가 없는 목표들이다. 2만불 또는 3만불 소득을 달성 한들 우리의 삶의 질이 그만큼 향상될 것으로 기대하기가 매우 불확실하기 때문이다. 세계가 하나의 이스터 섬화 되어가고 있는 지금 우리에게 일인당 국민소득을 올리는 일보다 더 시급하고 중요한 것은 생태적 발자국 크기를 줄이려는 노력과 우리에게 주어진 자연자본 한도 내에서 사는 라이프스타일의 보급을 통해 우리사회를 좀더 지속가능하게 만드는데 있다. 세계는 이제 더 이상 넓은 공간이 아니기 때문이다.

나. 지속가능한 사회 건설

(1) 무한성장주의

세계 대부분의 국가들과 국제기구가 빈곤을 퇴치하고 세계를 발전시키기 위해 흔히 이용해온 방법은 기술을 발전시켜 산업생산을 늘리고 각국의 시장을 개방하고 무역을 자유화 시키는 것이었다. 이같은 발상은 세계경제는 무한 성장이 가능하다는 것을 전제로 하고 있다. 무한 성장가능성에 대한 낙관적 견해는 세계 각국의 경제발전과정에서 공통적이고 지배적 개념으로 지금까지 많은 나라들이 자국의 경제발전을 위해 널리 채택했던 방법이었다.

과학기술신봉자였으며 대표적인 무한 성장 주의자였던 줄리안 사이먼(Julian Simon)교수는 다음과 같이 언급했다; "오늘날 과학기술을 이용해 식량이나 천연자원과 같은 거의 모든 자연 생산물을 무한정 대체생산할 수 있다. 오늘날 우리의 과학기술 수준은 현재 점증 하는 세계 인구를 앞으로 7십억 년 동안 먹여 살리고, 옷을 입히고, 필요한 에너지를 공급할 수 있는 위치에 있다" (Bartlett, 1996). 이같은 과학기술에 의한 무한 성장 주의는 형태를 달리해 최근까지 이어져 왔다.

무한성장에 대한 낙관적 견해에 대한 최근의 대표적인 예로는 1987년 유엔의 '세계 환경과 경제 위원회' (위원장이름을 따 부룬트란드 위원회라고도 불렸음)의 보고서 "우리 모두의 미래" (Our Common Future)에서 제시된 '지속가능한 발전 (sustainable development)' 모델을 들 수 있다. 1980년대 말 이 개념이 처음 등장했을 때 이 모델은 많은 사람들에게 경제발전과 환경보전을 동시에 달성 할 수 있다는 인상을 심어주면서 각국으로부터 경제발전을 위한 이상적인 모델로 받아들여지기 시작했다. 세계 각국은 앞을 다투어 이 새로운 발전모델을 받아들이고 응용하기 시작했다. 위원회는 인류의 필요를 충족하는데 장애요인은 자연의 생산능력이라기 보다 과학기술이나 사회조직과 같은 요소에 있다고 가정하였다. 또한 브룬트란드 위원회는 세계인구는 다음 세기 현재의 두 배로 늘어나 안정을 이루고 그 이전에 세계 산업생산은 현재보다 5배에서 10배가량 늘어날 것으로 전망했다. 이처럼 지속가능한 발전 모델의 근저에도 무한성장에 대한 잘못된 믿음이 깔려있다.

성장제일주의 또는 팽창주의 모델은 다음과 같은 도식으로 표시 할 수 있다.

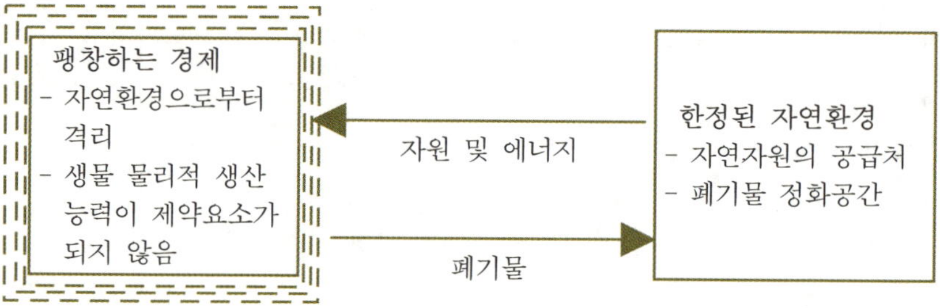

그림 1.1 팽창주의는 경제를 자연환경과는 별개의 개방되고 독립적인 시스템으로 간주한다. 또 경제 시스템은 기술진보를 통해 자연환경과는 무관한 관계를 유지하며 자연환경의 수용능력은 무한한 것으로 취급 한다 (Rees, 2002)

이같은 성장제일주의에 대한 사고는 인간의 복지는 오로지 물질적 풍요의 지속적인 증가에 있다는 믿음을 바탕으로 하고 있다. 이같은 믿음은 지난 30년 이상 거의 모든 선진국 및 개발도상국들의 경제 사회 발전 방향을 결정짓는 중심적 가치관이었다. 세계화를 통한 무한 성장 주의는 인간을 끊임없는 소비를 통해 탐욕스럽게 효용극대화를 추구하는 경제적 동물로 전락시킨다. 이같은 무한성장 모델이 지배하는 사회에서는 모든 사회 구성원들을 세계시장 경제에 동참해 개인 소비의 극대화를 유일한 목적으로 하는 하나의 소비 기계로 전락된다. 이같은 사회에선 가족이나 지역사회 개념이 결여되고 개인의 환경적 책임의식 또한 희박한 상태로 존재한다.

(2) 과학기술주의

무한성장 주위에는 과학기술을 통해 자연의 생산기능을 대체할 수 있다는 믿음이 깔려있다. 고도의 기술을 이용한 하이테크 농업을 예로 들어보자. 하이테크 기술을 이용해 온실에서 집약적 수경재배를 통해 토마토를 생산할 경우, 일반 농지에서 전통적인 방법을 이용 해 같은 양의 토마토를 생산할 경우에 비해 10분의 1의 토지만 가지고도 가능하다(Wada, 1993). 이같은 결과를 가지고 과학기술 신봉자들은 더 이상 재래식 농토가 필요 없다고 성급한 결론을 내릴 수 있다. 그러나 수경재배에 들어가는 에너지 및 각종 투입요소를 고려 할 경우 수경재배는 전통적 방법 보다 14-20배나 많은 생태적 발자국을 남긴다 (Wada, 1993). 하이테크 농법은 천연가스나 다량의 화학비료를 이용한다. 따라서 태양이나 토양과 같은 재생 가능한 천연자원을 재생 불가능한 화학비료, 화석연료로 대체하는 것과 같다. 하이테크 농법은 인간의 기술의존도를 더욱더 높이고 자연자본이나 화폐자본을 좀더 생산적인 다른 목적에 사용하는 것을 막는 결과를 가져오게 할 뿐만 아니라 대기중의 온실가스를 증가시키는데 기여하게 된다. 이같은 하이테크 농법은 천연가스 등 투입요소 가격의 상승에 따라 생산량이나 수익이 크게 영향을 받게 되는 불안정한 결과를 가져온다. 즉 하이테크 농업은 지속가능한 생산방식이 아니다.

또 다른 예로, 야생연어 자원이 고갈 되면서 캐나다 서해안에 도입된 연어양식 기술을 들 수 있다. 연어양식 기술은 바다에 가두리 시설을 설치한 후 사방 20미터 정도의 좁은 공간에 10만 마리 이상의 연어를 집약적으로 양식하는 방법이다. 양식연어의 생산원가는 야생연어의 어획비용과 크게 차이 나지 않아 일견 자연을 대체하는 효과가 있는 것처럼 보인다. 특히 야생연어는 일년 중 일정기간 외에는 수확할 수 없는 반면 양식연어는 마치 온실재배 과일이나 채소처럼 일년 내내 수확이 가능하고 생산량을 임의로 조절 할 수 있기 때문에 식량생산에 긍정적인 기여를 하는 것처럼 보인다. 그러나 연어양식장 운영을 포함해 생산과정에 투입되는 제반 요소를 고려하면 연어 양식은 야생연어 어획보다 훨씬 커다란 생태적 발자국을 남긴다. 가장 커다란 문제 중의 하나는 사료 생산과정이다. 육식성 동물인 연어를 생산하기 위해선 남미연안에서 고등어나 정어리 등을 잡아 이를 사료로 가공 한 다음 수천 킬로미터 떨어진 북미해안의 양식장 까지 수송한다. 이같은 생산과정에 많은 에너지가 투입되어 환경적으로 부정적인 영향을 미칠 뿐만 아니라 인간의 식량으로도 충분히 사용할 수 있는 어종을 사료로 쓰는 비윤리적인 문제도 뒤따르게 된다. 또 연어양식은 연어 1킬로그램을 생산하기 위해 사료용 고기 3-4킬로그램을 어획해야 할 정도로 비생산적 이다 (Panoe, 2000).

정보통신기술과 유전공학과 같은 분야의 발달로 과학기술의 진보는 더욱더 가속화될 전망이다 그러나 위와 같은 예를 통해 볼 때 과학기술이 자연을 대체 할 수 있다는 그동안의 믿음은 지속 가능성과 관련해 많은 의문을 제기한다. 즉 현대의 과학기술이 자연을 대체 할 수 있는 수준으로 발달되었다고 할 수 있으나 이는 결국 다른 나라의 자원을 빌리거나 미래 세대들의 몫을 미리 앞당겨 쓰는 결과를 가져와 지구전체적인 지속가능성과 세대간의 기회균등을 침해하게 된다. 즉 과학기술은 재생 가능한 자원을 재생 불가능한 것으로 대체하기 때문에 전체적으로 또 장기적으로 생태계의 지속가능성을 저하시킨다.

(3) 세계화

세계화는 자유무역으로 대표된다. 전통무역이론에 따르면 좀더 자유로운 무역은 무역당사국 모두에게 혜택을 주는 것으로 되어 있다. 무역은 한 국가의 자원부족 현상을 완화시켜 줄 수 있기 때문에 그 나라의 생산능력과 생태계의 수용능력을 향상시키는 것처럼 보일 뿐만 아니라 경제발전을 촉진시키는 것처럼 보이게 한다. 이 때문에 각국은 각종 규제나 관세 등의 장벽을 철폐하고 좀더 자유로운 무역을 통해 자국의 경제발전을 도모하려하고 이는 또 현재 진행되고 있는 세계화의 원동력이기도 하다.

자유무역은 이론적으로는 리카르도의 비교우위 설에서 출발한다. 각 나라가 비교우위를 지니는 소수의 제품을 특성화시켜 주력 수출상품으로 만들고 나머지 상품은 수입하면 세계는 전체적으로 제품생산의 효율을 높일 수 있으며 따라서 총 생산을 극대화 시킬 수 있다는 이론이다.

그러나 자유무역은 다른 나라의 자원에 대한 접근을 용이하게 만들어 전 세계적인 자원고갈을 가속화 시킨다. 또한 천연자원의 흐름은 후진국에서 선진국으로 흘러 후진국의 자연자본을 수입하는 선진국이 더 많은 혜택을 얻는 결과를 가져오게 한다. 이외에도 특화된 산업 중심으로 국가의 경제가 단순화 되어 대외 여건 변화에 취약한 경제구조를 갖게 만든다 (Daly, 1996).

(4) 새로운 경제 모델의 필요

세계는 이제 더 이상 넓은 공간이라고 말 할 수 없을 정도로 인구가 과밀해 졌다. 오늘날 우리는 지구상의 미개발 지역이나 인적미답의 공간이 많이 남아 있던 과거와는 전혀 다른 세계에서 살고 있다. 그동안 지구의 생산능력이 인류문명의 소비를 훨씬 능가하는 상태를 유지해 왔기 때문에 무한 성장 가능성이나 팽창주의 모델은 그런대로 받아들여졌다. 그러나 지구의 생물학적 생산능력을 초과하는 소비가 이루어지고 있는 오늘날 그 같은 팽창주의적 모델은 더 이상 가치를 지니지 못한다. 생태계의 생산능력이나 수용능력의 한계를 인정하고 생태계에 의존할 수밖에 없는 인간과 자연세계의 관계를 바탕으로 한 새로운 모델은 그림 2와 같이 표현 할 수 있다.

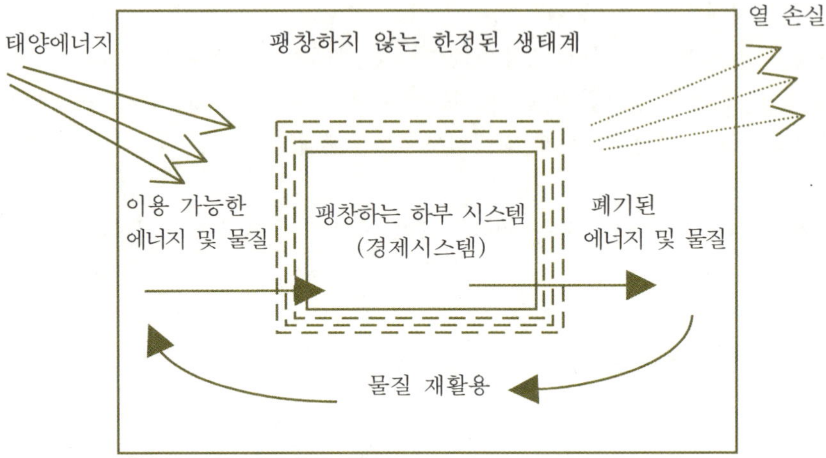

그림 1.2 새로운 경제모델은 개방적이며 계속 팽창하긴 하지만, 물질적으로 폐쇄되어 있으며, 더 이상 팽창하지 않고, 한정되어 있는 생태계내 존재하는 부속 시스템으로 되어 있다. (Rees, 2002)

인구 증가와 소비증가로 지구의 생물학적 수용능력을 훨씬 초월하는 소비가 이루어지고 있는 상황은 인류문명에 중대한 의미를 시사한다. 지구의 수용능력을 초과하는 소비활동은 우리가 물건을 생산하는 방식이나 소비활동 및 개개인의 라이프스타일에 엄청난 변화를 요구한다.

(5) 새로운 경제모델이 이끄는 변화

세계의 한편에서는 전통적인 과학기술과 세계화를 무기로 팽창주의적 변화가 계속되고 있는 가운데 다른 한편에서는 생태계의 한계를 인정하고 지속가능한 사회를 위한 대안적 생산 방식 및 소비 활동 또한 산업계 전반에 걸쳐 확산되고 있다. 각 산업 분야에서 일고 있는 다음과 같은 변화들이 그 같은 추세를 잘 설명해 주고 있다.

(가) 자연의 지혜를 이용하는 농업

그동안 많은 선진국에서 실시해온 대규모의 기업적 농업은 화학비료, 살충제, 제초제 등의 농약을 투입해 생산성을 높이는 방법이었다. 일정 농지에 대해 지속적인 농업활동의 결과 원래 농지가 갖고 있는 양분이 소실되고 생산성이 떨어지면서 이를 회복시키기 위해 과학 기술적 수단을 동원한 것이다. 기업적 농업은 오직 생산성이나 효율을 높일 목적으로 이용되어 왔기 때문에 이에 따르는 부작용이 심각하다. 지력이 쇠퇴한 토양은 더 이상 살아있는 흙이 아니라 작물을 떠 받쳐 주는 역할만 할뿐 생장에 필요한 모든 양분은 인위적으로 투입되는 인공비료에 의존해 생산원가가 그만큼 높아지는 결과를 초래한다. 또한 상업적 가치가 높은 소수의 특정 품종만을 재배할 경우 병충해에 대한 저항력이 떨어져 병충해를 입을 위험이 크게 늘어나는 부작용을 가져온다. 토양속의 잔류 농약은 토양을 오염시킬 뿐만 아니라 빗물과 함께 땅속으로 스며들면서 농지 인근의 지하수를 오염시키고 채소나 과일 표면에 남아 있는 잔류농약은 소비자들의 건강에도 위협이 된다. 이같은 기업적 농업 방식은 쌀, 밀, 옥수수 등 곡물뿐만 아니라 기호 식품인 커피, 바나나 등 국제적으로 거래되는 대부분의 농산물로까지 확대되었다. 이같은 기업적 대규모 농업은 재생가능한 자원인 토양의 생산성을 크게 저하 시켜 생태계의 지속가능성을 저해하고 대량생산한 농작물을 지역시장에 공급하기보다 다른 지역이나 심지어 국경을 넘어 수출함으로써 원거리 수송에 따른 화석연료 소비 증가에 기여하게 된다. 또한 인체에 유해한 잔류농약 성분 때문에 시민들의 건강에도 커다란 위협이 되고 있다 (Hawken, Lovins and Lovins, 1999).

이같은 산업적 농업에 대해 여러 나라에서 친 자연적 농법이 개발되어 확산되고 있다. 대표적인 예로 일본의 농부 마사노부 후쿠오카의 자연 농법 (Fukuoka, 1978)을 들 수 있다. 벼를 수확하기 전 토끼풀 씨앗을 논에 뿌려 토끼풀이 자라게 하고 수확 직전에 다시 진흙을 묻힌 보리나 호밀과 같은 겨울 작물 씨앗을 뿌린다. 벼를 수확하고 난 다음 생긴 지푸라기는 무성하게 자란 토끼풀 위에 던져 질소를 고정시키고 양분순환이 저절로 이루어지게 만든다. 이듬해 봄 호밀과 보리를 거두고 난 다음 같은 과정을 반복한다. 논을 갈거나, 비료를 뿌리거나, 피를 뽑는 전통 농법에서 요구되는 일을 생략하고 있는 후쿠오카 농법은 '아무것도 하지 않는 농법'으로 더 잘 알려져 있다. 그러나 그의 농법은 수확 면에서도 전통농법을 능가한다. 더욱더 좋은 점은 그의 농법은 화학비료나 농약을 사용하지 않기 때문에 화석연료 사용을 줄일 뿐만 아니라 토양의 생산성을 외부의 투입 없이 스스로 유지시켜 토양생태계의 생산성을 지속가능하게 만든다. 후쿠오카의 저서 '지푸라기의 혁명'에서 소개한 그의 농법은 자연의 천이과정과 토양 생성 과정을 모방한 것으로 인류가 그동안 역사적으로 발달시킨 과학이나 기술을 무색케 만든다. 현재 후쿠오카의 농법은 일본 전역으로 확산되고 있으며, 중국에선 약 4십만 ha의 농토가 그의 농법을 이용해 작물을 생산하고 있다.

호주의 농부 몰리슨 (Mollison)이 개발한 영구농법 (Permaculture)도 후쿠오카의 농법과 크게 다르지 않다. 숲과 같은 보호막이 없는 호주의 사막지역에서 농사를 짓기 위해 작물, 관목, 키 큰 나무를 차례로 심어 작물은 관목의, 관목은 키 큰나무의 그늘에 의해 차례로 보호받을 수 있도록 농장을 설계한다든지, 온실 겸 닭장을 만들어 추운 밤에는 닭들이 들어와 지내면서 온실의 온도를 올리고 더워지기 시작하는 낮에는 온실 밖으로 나가 나무 그늘 밑에서 씨앗이나 벌레를 잡아먹을 수 있도록 하는 친환경적 농법이다 (Mollison, 1979). 땅에 떨어진 씨앗이나 열매를 쪼아 먹으면서 닭들은 마치 토양을 갈퀴로 긁는 결과를 가져와 토양 내 공기를 통하게 만들고, 닭은 배설물을 뿌려 토양을 살찌게 만든다. 동력이 필요할 경우 풍차를 이용하거나 범람평원을 경작지로 활용해 자연의 리듬을 최대한 활용한다. 즉 자연을 쥐어짜서 인간이 원하는 것을 얻어내려는 것이 아니라 자연의 인간에게 베풀 수 있는 것을 얻는 방법으로 자연의 지혜에 따라 농사짓는 방법이다. 이같은 친환경적 농법은 유기 농산물 수요 증가와 함께 현재 전 세계적으로 급속히 확산되고 있다.

(나) 축사 밖으로 나간 축산업

전통적인 축산 방법은 인공조명과 온도 조절 장치가 된 현대식 축사에서 사료를 먹여 집약적으로 소나 돼지를 키운다. 이같은 기업축산 방법은 여러 가지 환경문제를 야기 시킨다. 우선 축산 농장에서 나오는 배설물들이 인근의 토양, 지하수, 개울 등을 오염시킨다. 젖소는 원래 풀을 먹고 사는 동물이다. 그러나 기업축산에서는 경제적인 이유로 다른 지역에서 생산되어 화석연료를 소비해가면서 장거리 수송된 옥수수, 콩 등의 곡물을 사료로 쓴다. 곡물사료를 먹이는 이유는 가축의 몸무게가 풀을 먹였을 때보다 더 빨리 늘어 경제성이 있기 때문이다. 곡물을 먹여 키운 소들은 풀을 먹인 소들보다 건강하지 않을 뿐만 아니라 오메가 6 지방산과 같은 유해한 지방을 만들고 이를 인간이 섭취했을 때는 암, 당뇨, 비만, 면역체계의 혼란 등을 유발 한다. 또한 곡물사료 이용은 인간의 식용으로도 충분히 쓸 수 있는 식량자원을 낭비하는 결과도 가져온다. 또한 기업 축산 방법은 사료에 항생제, 성장 호르몬 등 인체에 유해한 약물을 투입시켜 인간의 건강을 위협하기도 한다. 최근 많은 나라에서 공포의 대상의 되었던 조류독감, 광우병, 구제역과 같은 공중보건 상의 위협 역시 집약적 축산 환경과 무관하지 않다. 또한 동물 행동주의자들의 주장처럼 전통적 기업축산 방법은 좁고 과밀한 축사 공간에 가축을 키우기 때문에 동물 신변의 안전이나 복지가 크게 위협받는 비인도적인 사육방법 이다 (Halweil and Nierenberg, 2004).

이같은 문제를 해결하기 위해 최근 좀더 친자연적인 축산 방법이 시도되고 있다. 곡물사료 대신 풀을 먹이거나 아니면 아예 방목을 시킨다. 물론 방목에 따른 넓은 공간이 필요하게 되는 문제가 있기 하지만 방목은 사료나 화석연료 소비를 크게 줄여 전통적 기업 축산방법 보다 오히려 적은 비용으로 같은 양의 육류를 생산 할 수 있다. 방목은 또 축산 배설물을 별도로 수거해 처분하지 않아도 목초지의 양분으로 환원되어 목초지의 생산성이 보전되는 효과를 거둘 수 있다. 방목은 또 동물들의 본능을 자극시키고 고유의 먹이를 자연스럽게 먹일 수 있어 동물에게 좀더 인도적인 축산 방법이 된다.

(다) 벨 나무보다 남길 나무를 먼저 생각하는 임업

전통 임업은 근본 원리 면에서 기업농업이나 기업축산업과 크게 다르지 않다. 전통 임업은 불확실하고 통제하기 불가능한 고목림을 생장이 빠른 활기 있는 어린 숲으로 대체시키고, 수확량과 수확품종을 좀더 예측가능하게 만드는 과정라고 할 수 있다. 또한 산림의 집약 경영으로 대변되는 전통임업은 나무가 생장하는 과정에서 가지치기, 솎아베기 같은 인위적 개입을 통해 수확기간을 단축시키거나 좀더 우수한 품종을 선별적으로 재배해 수확량을 야생자연의 경우 보다 늘리는 방법이기도 하다. 이같은 집약경영을 바탕으로 한 전통 임업은 모두베기를 통해 원시림을 벤 자리에 온실에서 키운 묘목을 인공적으로 심는 방법으로 경영되어 왔다. 그러나 효율과 경제성을 앞세운 모두베기 같은 벌채 방법은 생태계를 파괴하고 생물다양성을 크게 위축시키는 결과를 가져왔다. 즉 1000년 이상 살 수 있는 나무를 60년이나 80년 키운 후 벌채함으로써 노거수들로 이루어진 고목림 숲이 지니는 독특한 숲의 구조와 다양한 서식공간이 더 이상 만들어지지 않으면서 그 같은 서식 공간을 필요로 하는 야생동물이나 식물들이 사라지는 결과를 초래하였다. 또 모두베기 벌채 방식을 주로 사용해 온 집약적 산림경영 방법은 숲을 조그만 조각으로 찢어지게 만드는 분획화 현상 (fragmentation)이나 인근의 숲과 격리시키는 고립화 현상을 가속화 시켰다. 집약 경영 방법은 상업적으로 가치가 높은 수종을 골라 인공적인 숲을 조성함으로서 수종, 연령, 크기 등이 균일한 단조로운 숲이 형성되어 병충해 등의 위협에 크게 노출되는 결과를 가져왔다. 캐나다의 경우 산업적 벌채에 따라 온대우림 숲 속을 흐르는 연어 산란 하천으로 빗물에 씻긴 돌과 자갈이 유입되면서 연어 서식 환경이 파괴되고 결국 연어가 더 이상 돌아오지 않는 현상들이 일어나게 되었다.

산업적 벌채나 집약 경영에 의한 전통 임업의 피해를 막기 위한 여러 가지 시도들이 이루어지고 있다. 벌목 기업들도 과거와 달리 벌채구역의 크기를 작게 만들고 벌채구역 내에서도 모든 나무를 베지 않고 일부만 베고 상당수를 남겨 숲이 분획화 또는 고립화되는 것을 막고 전세대의 숲이 가지고 있던 구조와 생물학적 유산이 후세대의 숲에게 그대로 이어질 수 있도록 만들고 있다. 또한 대면적을 벌채 할 때 야생동물들의 이동통로를 만들어 야생동물들이 해당지역에서 멸실되지 않도록 하고 있다. 더욱더 친 환경적인 경영 방법으로는 개별목을 선택적으로 벌채하는 방법도 추진되고 있다. 즉 병충해를 입었거나 생장이 둔화된 나무들을 대상으로 선택적으로 벌채하고, 야생동물들의 서식공간이 파괴되지 않도록 이들의 서식공간을 우선적으로 배려한 다음 벌채 대상 나무들을 선택한다든지, 벌채한 후에도 온실에서 키운 묘목을 인공적으로 심어 숲을 새로 조성하기보다 남겨진 나무들에서 천연적으로 파종이 되어 어린나무들이 자랄 수 있도록 한다. 또한 그동안 인간 중심적으로 벨 나무를 먼저 생각했지만 친자연적 임업에서는 남겨야 할 나무를 먼저 생각 한 다음 남은 나무 들 중에서 벨나무를 선택하고 있다. 이같은 친자연적 산림경영 방법이 적극적으로 실천되고 있는 현장의 예는 고목림 숲을 60년 동안 고목림 상태로 유지하면서 선별적으로 벌채를 해온 캐나다 밴쿠버 섬의 멀브 윌킨슨 노인의 와일드 우드 (3부 와일드우드 교육프로그램 사례 참조)의 숲에서 찾아 볼 수 있다 (Loomis and Wilkinson, 1995).

(라) "요람에서 요람으로"의 제조업

전통적 제조업은 자연으로부터 원료를 채취한 다음 노동과 기술을 투입해 부가가치를 창출하는 방식으로 규격화된 제품을 대량으로 생산하는 시스템이었다. 이같은 생산 시스템은 경제를 생태계와는 별개의 독립된 시스템으로 보고 생태계로부터 무한정의 자원공급이 가능하며 생태계는 산업생산과 소비과정에서 발생하는 폐기물을 무한정 처리 할 수 있는 수용능력을 지닌다는 관점에서 출발한다. 생산된 제품은 일정기간 사용 후 폐기되어 쓰레기 매립지나 소각장으로 향했다. 이 같은 전통생산방식은 요람에서 무덤으로 (cradle to grave)로 불리는 시스템으로 자원낭비, 매립지 확보와 같은 환경문제를 야기 시켰다. 이 같은 생산 시스템 하에서 환경문제를 대처하는 방법은 자원을 효율적으로 이용하는 방법이나 폐기되는 제품 중 일부를 수거해 재활용 하는 정도였다. 그러나 자원을 아무리 효율적으로 이용한다 해도 자연이용을 전혀 하지 않을 수는 없다. 또 폐기된 제품을 재활용하는 문제도 환경문제를 근본적으로 해결하는 데는 한계가 있다. 특히 수천에서 수만개의 서로 다른 재료로 만들어진 부품들이 결합해 만들어지는 자동차나 컴퓨터와 같은 제품은 재활용이 불가능하거나 매우 어렵다. 일부 종이나 플라스틱, 강철 제품 등은 재활용 과정에서 불순물들이 섞이면서 원래 제품 보다 저급의 제품으로 밖에 재활용 되지 못한다. 따라서 재활용은 자원낭비 문제를 근본적으로 해결하는데 커다란 도움이 되지 못한다.

이같은 문제를 개선하기 위해 여러 가지 시도들이 이루어지고 있다. 플라스틱과 같이 재활용 될 수 있는 물질들을 재활용하기 위해 다시 녹이거나 분해하는 과정에서 물질의 성질이나 질이 저하되지 않도록 만드는 것이다. 따라서 소비자가 일정기간 사용 후 버린 다음에도 제품을 매립지나 폐기장으로 보내지 않고 다시 원료로 사용 할 수 있도록 하는 생산 시스템이다. 이는 동식물의 배설물이 양분으로 다시 환원되는 생태계의 원리를 빌린 것으로 쓰고 난 제품을 폐기 또는 소각하지 않고 산업생산의 양분으로 다시 활용하는 원리이다. 예를 들어 플라스틱 수지에 충진 물질을 섞어 만든 플라스틱 종이를 이용해 제작된 책이 이미 판매되고 있다. 이 책은 방수성이 뛰어나 수영장이나 욕조에서도 읽을 수 있을 뿐만 아니라 다보고 난 후엔 녹여 다시 책으로 만들거나 다른 플라스틱 제품을 만드는 원료로 무한정 반복해 사용할 수 있다. 미국의 인터페이스 (Interface) 카펫 회사의 솔니움 (Solenium)카펫은 영구적으로 재활용 될 수 있는 물질로 제조 된다. 소비자가 일정 기간 사용한 후 카펫이 닳거나 헤지면 다시 녹여 전과 똑같은 물질로 다시 만들어 동질의 카펫을 다시 만들 수 있다. 이와 같은 생산 시스템은 자원을 폐기하지 않고 폐기자원을 산업생산을 위한 양분으로 쓰는 요람에서 요람으로 (cradle to cradle)의 생산 시스템이다 (McDonough and Braungart, 2002).

(마) "쾌적함"과 "상쾌함"을 파는 서비스업

과소비 과소유 등으로 자원 낭비가 발생하는 원인은 구체적인 물품을 소비자가 소유해야 하는데서 연유한다. 따라서 소비자가 구체적인 물품을 소유하지 않고 그 물품이 제공하는 서비스만을 소비한다면 자원 낭비를 줄이는데 기여 할 수 있다. 이같은 발상 하에 미국의 카펫 회사인 인터페이스 (Interface)사는 구체적인 물품인 카펫을 판매하기보다 자사의 카펫을 소비자 가정의 응접실에 깔므로 해서 생기는 아늑함, 포근한 분위기, 아름다움 같은 무형의 서비스를 주요 상품으로 개발해서 판매하고 있다. 따라서 카펫의 소유권은 회사에 있으며 카펫에 싫증이 나거나 오랫동안 사용해 닳거나 헤어진 카펫은 언제든지 바꿔 깔아준다. 낡은 카펫은 분해 시킨 후 새로운 카펫을 만드는데 재활용된다. 이처럼 카펫을 생산하고 판매할 경우 그동안 매년 헌 카펫을 쓰레기 매립장에 갖다 버림으로서 생기는 매립장 공간 확보 문제와 땅속에서 자연 분해 되는데 2천년 가량 걸리는 플라스틱 카펫에 따른 제반 환경문제를 일거에 해결 할 수 있다 (Hawken, Lovins and Lovins, 1999).

에어컨을 제작하는 미국의 캐리어 (Carrier)사도 유사한 판매 전략을 활용하고 있다. 이 회사는 인터페이스 사와 마찬가지로 에어컨이라는 구체적인 기계를 판매하기보다 에어컨 기계가 제공하는 서비스 즉 "상쾌함"이라는 무형의 서비스를 판매 품목으로 삼고 있다. 이를 위해 이 회사는 선선하거나 상쾌함을 의미하는 coolth (warmth의 반대)라는 단어까지 만들어 쓰고 있다. 즉 회사는 에어컨 기계를 소유하고 있으면서 소비자에게 상쾌함을 판매하는 것이다. 에어컨이 고장 나거나 노후화 되면 언제든지 새것으로 교체해 항상 일정 수준의 선선함이라는 서비스가 계속 될 수 있도록 한다. 이 역시 노후화 된 에어컨 기계가 매립장으로 향하는 대신 생산자에게 되돌아가 재활용 될 수 있도록 만든다. 이는 생산자로 하여금 좀더 적극적으로 재활용 하도록 동기를 부여한다. 즉 생산자는 에어컨 제작과정에서 재활용을 고려해 설계해 재활용을 용이하게 만든다든지 재활용 비율을 높이게 된다. 이같은 서비스 중심의 생산시스템은 세탁기나 복사기에도 적용 시킬 수 있다 (Hawken, Lovins and Lovins, 1999).

생태계의 수용능력의 한계를 인정하고 경제시스템을 생태시스템 안의 부속 시스템으로 인식하는 새로운 경제 모델이 이끄는 변화에는 위에 소개한 것 외에도 많은 분야에서 다양하게 일어나고 있다. 재생 불가능한 화석연료를 대체하기 위한 대체에너지를 개발한다든지, 자연을 모방한 설계와 자연적 건축 재료를 이용해 열효율이 높은 생태적 건물을 짓는다든지, 팽창하지 않고 지속적 성장이 가능한 도시의 건설 등 우리사회를 좀더 지속가능하고 좀더 살기 좋은 사회로 만들기 위한 노력이 사회의 전반에 걸쳐 일어나고 있다.

이같은 변화에서 교육도 예외일 수는 없다. 오히려 그같은 변화를 주도하는 것은 인간이고 인간을 변화시키는 것은 교육이기 때문에 교육의 역할이 크게 기대된다. 그러나 우리사회의 교육적 현실은 매우 실망스럽다. 현실세계에선 지속가능성 문제를 해결하기 위해 이처럼 친환경적 생산 시스템으로 급속히 변해가고 있음에도 불구하고 이에 걸 맞는 인력을 양성해야하는 교육기관의 교육방식은 여전히 과거의 주류 산업생산 시스템 중심의 교육에서 크게 벗어나지 못하고 있다. 따라서 지속가능한 사회를 건설하기 위해 교육의 역할이 그 어느 때보다 크게 증대되고 있으며 교육의 내용과 방식도 크게 달라져야 할 필요가 있다.

다. 배움터 숲으로 돌아가기

(1) 현대교육의 문제점

우리나라의 교육이 마음, 정신, 육체를 골고루 발전시키는 전인적인 교육이 되지 못하고 입시나 취업을 위한 수단으로 전락했다는 비난을 면치 못하고 있다. 이같은 폐해를 피해 자녀들을 선진국 등으로 조기 유학을 보내기도 하지만 선진국의 교육도 문제가 있기로는 우리나라와 크게 다르지 않다. 세계에서 가장 선진국으로 꼽히는 북미나 일부 서유럽 국가들의 교육 역시 효율을 앞세운 시장 경제적 가치에 인간적 또는 민주적 가치들이 압도당해 교육을 통해 좀더 나은 사회, 즉 생태적, 사회적으로 지속가능하며 살기 좋은 사회를 건설할 수 있는 능력을 키우기보다 세분화된 특정분야의 전문가 양성에 치중하고 있다.

서구적 교육 모델이 실패작 이라는 것은 다음과 같은 사실에서 잘 입증된다. 전쟁, 기아, 빈곤, 빈부격차, 성차별 같은 문제는 차지하고라도 앞서 살펴 본바와 같이 오늘날 우리는 자동차 사용이나 쓰레기 배출 등으로 대기나 수질 오염이 악화되고 있는 것은 물론 전 세계적으로 하루에 서울의 절반 면적의 숲이 사라지고 있으며, 매일 여의도 두 배 정도의 땅이 사막화되고 있으며, 매일 40종에서 250 종의 동물과 식물들이 멸종되고 있는 환경적 현실 속에서 살고 있다. 이같은 환경적 현상은 교육을 받지 못한 사람들 보다 과학자, 대학교 교수, 정책 입안자, 도시계획가, 최고 경영자들의 노력에 따른 결과라고 할 수 있다. 공교롭게도 이들은 대부분 최고 수준의 교육을 상징하는 석사 또는 박사와 같은 고학력 소지자 들이다. 따라서 모순적이긴 하지만, 오늘날 우리가 직면하고 있는 여러 가지 사회적 환경적 문제들은 최고의 교육을 받은 사람들의 노력의 결과로 일어난 것이라고 해도 과언이 아니다 (Orr, 1994).

아우슈비츠에 집단 수용소를 건설하고 수 백 만명의 유태인 학살을 기획하고 실행에 옮긴 사람들도 모두 당대의 최고학력 소지자들 이었다 (Orr, 1994). 특히 이들은 칸트나 괴테와 같은 인류역사의 최고의 지성들을 배출한 나라의 후예이기도 하다. 사회를 변화시키는데 있어서 교육의 중요성은 아무리 강조해도 지나치지 않다. 그러나 교육이 잘못되었을 경우엔 우리사회를 위해 그 어느 것 보다 가장 파괴적 일 수도 있다. 이런 점에서 위의 아우슈비츠 수용소는 잘못된 교육이 가져올 수 있는 엄청난 비극의 산증거라고 할 수 있다. 따라서 교육을 많이 받는 것이 문제가 아니라 어떤 교육을 어떻게 받느냐가 더욱더 중요한 문제가 된다.

(2) 숲, 삶과 배움의 터전

아메리카 원주민들은 최근까지 숲 속에서 숲과 끈끈한 관계를 맺는 삶을 영위해 왔다. 이들은 숲으로부터 식량, 각종 생활도구, 의약품 등을 얻으며 숲과 경제적인 관계를 맺어왔다. 또한 숲과 긴밀한 교감을 통해 영적인 관계도 맺었다. 숲은 이들에게 숲 속의 동식물과 토양 속에 숨어있는 자연의 질서와 자연의 역사를 배우는 교실이기도 했으며 이들의 오락이나 예술 활동을 뒷받침하는 공간이기도 했다. 숲은 이들에게 삶의 터전이자 배움의 터전이었다. 원주민들은 숲과 긴밀한 교감을 나누며 숲에 대한 경외감과 함께 모든 동식물의 생명을 존중했다. 숲 속에서 일어나는 모든 현상과 원리에 대한 깊은 이해와 경외감이 뒷받침 되었던 이들의 삶은 자연을 파괴하지 않는 지속가능한 삶이었다.

서양인으로 숲 속에서 살면서 숲을 아메리카 원주민처럼 경험한 사람에는 월든 (Walden)을 쓴 헨리 데이비드 소로우 (Henry David Thoreau)를 꼽을 수 있다. 철학자이며 자연주의자였던 소로우에게 숲은 모든 것이었다. 원주민들이 그러했듯이 그는 숲으로부터 영감을 얻었을 뿐만 아니라 그는 숲을 관찰하고 실험했으며 동식물과 지형을 통해 자연의 역사를 익혔다. 그는 월든 숲 속에 뿌리를 내리고 사는 붙박이 거주자였다. 그는 숲 속에서 동물, 식물, 식량, 주택, 교육, 땔감나무 등 모든 것이 자신의 삶이 되는 삶을 살았다. 그는 월든 숲과 자신이 하나가 되는 삶을 살았다. 그는 독백 형식으로 월든이라는 책을 썼지만, 소로우라는 전인적인 인물을 만든 것은 월든이라는 특별한 장소가 있었기 때문에 가능했다. 소로우는 이를 자신의 삶의 터전으로 뿐만 아니라 학교, 실험실, 도서관, 박물관과 같은 배움의 터전으로도 이용 하였다 (Orr, 1992).

(3) 오늘날 삶의 공간

소로우처럼 완전한 숲 속 생활을 하지는 않았지만 우리사회가 산업화나 도시화되기 전만 해도 대부분의 사람들이 땅에 삶의 터전을 마련하고 숲이나 자연과 긴밀한 관계를 유지하고 살았다. 그때까지만 해도 자연과 인간을 연결시키는 끈이 남아 있었다. 식량생산, 땔감나무 같은 에너지원 확보, 인간이나 가축의 분뇨처리와 같은 문제를 자기가 살고 있는 마을내의 숲, 농토, 개울 등을 통해 모두 해결할 수 있었다. 집이나 마을은 말 그대로 삶의 터전이었다. 그러나 오늘날 사람들은 땅에 뿌리를 내리고 땅을 터전으로 삼고 살아가기보다 직장이나 교육 목적으로 또는 다른 경제적 이유로 끊임없이 터를 옮겨 다니면 산다. 우리나라 사람은 결혼 후 내 집 마련하기 전까지 평균 5번 집을 옮긴다고 하니 생애 평균 이사 횟수는 10회를 족히 넘을 것이다. 잦은 이사는 한 장소에 뿌리를 내리지 않고 그 장소에 시간과 노력을 들이는 투자를 하지 않으며, 자연과의 교감이 이루어지지 않아 장소에 대한 지리적 생태적 지식을 습득하지 못하게 된다. 아파트, 상가, 사무실 건물들은 오늘날 우리가 살고 있는 삶의 터전을 건축적으로 표현한 모습들이다. 이런 곳들이 우리의 삶의 공간이 되면서 우리와 장소 사이에는 아무런 교감이나 관계가 이루어지지 않고 있다. 이곳에 사는 사람들은 장소에 대한 소속감이나 자신이 살고 있는 곳을 보전하려는 책임감이 결여된 삶을 살아가게 된다 (Orr, 1992). 고층아파트나 유리벽 사무실은 삶의 터전이라기보다 스쳐 지나가는 공간에 불과하다. 고층아파트와 유리벽 건물들이 밀집되어 도시를 만들고 도시와 도시 사이는 고속도로로 연결되면서 스쳐지나가는 삶을 부추기고 있다.

이같은 환경에서 점점 더 중요해 지는 것은 장소에 대한 깊은 이해와 애정보다 현금과 지도뿐이다.

경제, 교육, 휴양 및 여가 목적으로 국경을 넘는 유학, 연수, 여행, 출장, 이민 등이 크게 늘어나면서, 지구촌화 한 시대에서 개인의 삶의 공간은 국내에 국한되지 않고 지구 전역에 걸쳐 확대되고 있다. 즉 개인은 생애기간의 상당부분을 다른 나라에서 보낼 가능성이 높아진 것이다. 궁극적으로는 여행을 줄이고 한곳에 정착해 사는 것이 지속가능한 삶의 방식이다. 그러나 젊은이들은 한곳에 정착해 지속가능한 삶을 실천하기 전 까지는 좁아진 지구촌의 다양한 생태계를 좀더 실감 있게 체험 하는 것은 가치 있는 일이다. 즉 현재의 젊은 세대들은 자신이 태어나고 성장한 곳과 문화적으로 또는 자연환경적으로 이질적인 곳에서 문화적 배경이 다른 사람들과 부딪히며 살아가야 할 가능성이 높아진 것이다. 교육을 통해 이질적 자연환경과 문화적 환경에서 살아가야 할 젊은 세대들에게 그같은 환경에서도 조화롭고 행복하게 살 수 있는 능력을 배양하는 것이 그 어느 때 보다 절실하게 요구된다.

(4) 오늘날 교육 공간

인간이 자연으로부터 격리된 도시화한 공간에서 살면서 자연으로부터 자연스럽게 배울 수 있는 기회는 점점 사라지고 학교를 중심으로 한 교육이 지배적인 교육방식으로 자리 잡게 되었다. 학교를 중심으로 한 교육은 특히 대학교육의 경우 다음과 같은 두 가지 큰 결함을 지닌다. 고도의 세분화된 편협한 지식을 가르치는 점과 장소를 바탕으로 한 교육을 시키지 못하는 점에 있다.

우선 세분화 문제는 현대문명의 최대의 병폐로 많은 잠재력을 지닌 개인의 지적 능력을 오히려 약화시킨다. 세분화는 사물을 있는 그대로 보기보다 지극히 한정된 측면만을 보고 판단하게 함으로써 구체적인 사물이나 장소를 추상적으로 받아들이게 하거나 왜곡시키게 만든다. 대학에서 세분화된 교육을 받은 사람의 눈에 숲은 소로우가 월든 숲에서 그랬던 것처럼 영감을 얻고 자연의 역사를 배울 수 있는 터전으로 생각하기보다 경제적 자원으로 가득한 개발대상으로 보거나 투기 대상의 부동산으로 여길 수 있다 (Orr, 1992).

오늘날 환경 문제는 서로 다른 분야와 복잡하게 연관되어 있어 하나의 독립된 개체로 다룰 수 없다. 세분화된 교육은 어떤 문제에 대해 그 분야를 뛰어넘는 사고를 가로막는 역할을 한다. 따라서 오늘날 환경문제를 접근하기 위한 방법의 하나는 세분화로 인한 사고나 이해의 장벽을 극복하는데 있다. 1960년대 미국에서 환경운동의 도화선이 되었던 '침묵의 봄'을 쓴 레이철 칼슨 (Rachel Carson)은 농업전문가들과 조류전문가들이 자기분야 이외에는 눈을 돌리지 못했을 때 조류 개체수 감소가 식량 생산방식과 상관관계가 있다는 사실을 찾아냈다. 세분화된 교육을 받은 전문가들의 눈에는 농약이나 제초제가 조류 생태계에 미칠 영향까지 생각이 미치지 못했을 때였다. '토지 윤리'를 쓴 알도레오폴드 (Aldo Leopold)도 산림학자 또는 야생동물 전문가의 영역을 뛰어 넘어 자신의 전문분야와 전혀 판이한 윤리분야와 연결시켜 환경윤리라는 새로운 분야를 개척하였다. 그는 동물이나 식물이 인간의 이용을 위한 자원에 불과하다는 전통적인 사고로부터 벗어나게 만드는 계기가 되었다. 칼슨과 레오폴드 두 사람은 전문성을 강조하는 서구사회에서 예외적으로 자기분야 밖으로 까지 사고의 영역을 넓혔던 사람들이다 (Orr, 1991).

두 번째, 대학의 캠퍼스는 장소에 바탕을 둔 교육 (Sobel, 2004)을 시키지 못하면서 진정한 배움의 터전 역할을 하지 못하고 있다. 각 대학의 요람에 대학이 위치하고 있는 장소에 대한 지리, 자연사, 생태계와 관련된 내용을 다루거나, 캠퍼스에서 발생하는 쓰레기, 캠퍼스 내 각 건물에 공급되는 전기나 상하수의 공급이나 소비나 이와 관련된 문제를 다루는 내용은 찾아보기 어렵다. 대학에서 이같은 내용을 두루 가르치지 않음으로서 대학은 캠퍼스라는 지리적 장소와 교육을 서로 격리시키고 있다.

장소를 바탕으로 하지 않은 교육은 생태맹과 같은 문제를 낳는다. 생태맹은 좁은 의미로는 자연에 대한 해득 능력이 없는 것을 의미한다. 자연해득 능력은 동식물을 식별할 수 있는 능력 이상의 능력을 의미한다. 즉 자연과 인간의 정신이 서로 교감하며 한데 어울려 조화를 이룰 수 있는 능력을 일컫는 폭넓은 개념 이다 (Orr, 1992). 생태맹은 세분화 또는 전문화 된 교육을 통해 자기 분야 이외의 것을 이해하지 못하거나 이해하려들지도 않는 것을 의미한다. 세분화된 전문분야의 지식은 사물이나 현상에 대한 이해를 쉽고 편리하게 만들 수 있지만 여러 분야의 문제가 복잡하게 얽혀 있는 환경문제를 해결하지는 못한다. 세분화 또는 전문화된 교육으로는 좀더 좋은 사회를 만들기 위한 교육의 목적을 달성하기가 곤란하다. 생태맹은 환경문제 해결을 위해 최우선적으로 극복해야 할 난관이다.

(5) 숲 속 배움터

숲에서 이루어지는 교육은 현재 학교에서 이루어지고 있는 교육이 충족시키지 못하는 부분을 보완 할 수 있다. 숲에서 이루어지는 교육의 가장 큰 장점은 숲에서 관찰, 조사, 실험 활동과 같이 직접 체험적 학습을 통해 생태맹 현상을 극복 할 수 있다.

여기서 말하는 숲은 나무로 덮인 공간만 가리키지 않고 좀더 넓은 의미의 자연적 환경을 의미한다. 따라서 여기서 말하는 숲은 나무가 없는 개울, 호수, 늪, 갯벌과 같은 생태계도 포함한다. 숲은 자연환경을 가장 잘 대변하는 말이기 때문이다.

교실에서 강의나 토론을 통해 지적활동이 일어날 수 있고 학생들의 지성발달도 기대 할 수 있다. 그러나 자연으로부터 격리된 채 교실, 실험실, 도서관, 컴퓨터실에서 이론적으로 자연의 세계를 이해하려 함으로써 자연현상이 지니는 복잡하고 신비스런 모습을 관찰할 수 있는 기회를 잃게 된다. 반면 숲에서 직접 관찰, 조사, 실험을 하면서 손과 발을 움직여 배우면 좀더 구체적이고 실질적인 학습활동을 할 수 있다.

숲에서 이루어지는 교육은 세 가지 커다란 효과를 거둘 수 있다. 첫째 숲이라는 구체적인 장소를 바탕으로 생태계의 원리를 좀더 구체적으로 쉽게 이해 할 수 있다. 장소를 바탕으로 한 교육은 현장 및 체험 중심의 학습이 가능해 구체적이고 실질적인 교육효과를 거둘 수 있다. 또 장소를 바탕으로 한 교육은 생태계 전반을 큰 눈으로 이해하는데 효과적이기 때문에 주류교육기관의 세분화 교육에 따른 결함을 보완 할 수 있다.

두 번째 효과는 생태계로부터 익힌 생태계 원리에 대한 이해를 바탕으로 제반 산업생산 시스템을 친환경적으로 변화시키기 위한 모델로 참고할 수 있다. 생태계의 법칙과 원리는 제반 환경문제 해결의 열쇠가 될 수 있기 때문이다. 즉 자연 생태계로부터 환경문제의 해답을 찾을 수 있다. 환경문제에 직면한 오늘날 사회는 현재 친환경적 농업, 임업, 축산업 쪽으로 급속하게 변화하고 있고, 생태건축, 친환경적 도시 건설 및 산업생산 시스템까지 친환경적으로 바뀌고 있다. 앞서 잠깐 살펴보았듯이 많은 친환경적 생산방식들이 생태계의 원리와 법칙을 바탕으로 하고 있다. 오늘날 현실세계에서 일어나고 있는 이같은 변화는 빠른 속도로 진행되고 있는 반면 주류 교육기관의 교육 내용과 방법은 산업주의 생산 모델에서 크게 벗어나지 못하고 있다. 즉 학교 교육이 환경문제를 능동적으로 대처하고 해결할 수 있는 인력을 양성하지 못하고 있다. 장소를 바탕으로 한 현장 중심의 교육은 새로운 친환경적 산업생산의 모델이 될 수 있는 기본적인 원리를 생태계로부터 익힐 수 있도록 한다.

세 번째 효과는 숲 속에서 이루어지는 교육은 자연 생태계 보전에 대한 책임감을 증대시킨다. 자연현상은 원인에 따른 뚜렷한 결과가 일어나는 과정이다. 예를 들어 숲을 베면 동식물의 서식환경이 파괴되어 생물 다양성이 감소되는 결과를 초래한다든지, 벌채된 숲 주위의 연어산란 하천이 파괴되어 회귀하는 연어 량이 줄고 먼 바다에서 연어를 잡아먹는 범고래가 사라지는 결과를 초래한다. 생태계는 연쇄적으로 광범위한 지역까지의 영향을 미치게 된다. 생태계는 이처럼 상호 의존 및 상호 연관적이기 때문에 생태계의 원리를 이해한 학생들로부터는 인간의 활동이 생태계에 미칠 영향을 미리 예견하고 이를 방지 하려는 노력이나 행동을 기대 할 수 있다. 즉 생태계의 원리와 법칙은 환경 윤리적 태도와 생활 습관을 위한 모델이 될 수 있다 (Leslie, Tallmadge and Wessels, 1999).

생태적으로 책임감 있는 행동은 생태계의 한계를 인정하는데서 출발한다. 생태계의 생산능력이 인간의 생존을 위해서는 충분한 생산력을 지니지만 그 이상을 기대 할 경우엔 지속가능한 생산능력을 초과하게 되어 다른 지역이나 다른 나라의 생태계의 생산능력을 빌어야 하는 생태적으로나 사회적으로 공정하지 못한 결과가 발생하게 된다. 따라서 생태적으로 책임감 있는 행동은 주어진 생태적 생산능력의 범위 내에서 살아가는 삶의 방식을 추구하게 된다. 그같은 삶의 방식은 사회를 지속가능하게 변화시키는 원동력이 될 수 있다.

(6) 지속가능한 교육

지구의 생물학적 생산능력을 훨씬 웃도는 소비가 이루어지고 있는 오늘날 "지속가능한 사회건설"은 현재 인류 문명이 직면한 최대의 과제이다. 지속가능한 사회 건설은 지속가능한 교육을 통해 이루어 질 수 있다. 지속가능한 변화의 원동력은 인간이기 때문이다.

지속가능한 교육은 세분화된 전문영역에 대한 지식보다 다음과 같이 인류문명의 지속가능성 확보를 위해 좀더 구체적이고 현실적인 문제를 다루는 것이어야 한다: 생태맹 현상 극복, 환경문제를 해결 할 수 있는 실질적인 능력 배양, 지역사회를 중심으로 한 변화 주도, 지구촌화에 따른 변화한 지리적 공간의 이해 및 문화적 적응력 등이다. 생태맹 현상 극복을 위해선 현장 중심의 체험적 학습이 이루어져야 한다. 환경문제 해결 능력 배양을 위해선 직접 지역사회의 현실적인 환경문제를 놓고 문제해결 과정의 일부를 체험해 보는 것이 필요하다. 또 지구촌화 된 공간에서 살게 될 젊은 세대들에게 필요한 능력 중의 하나는 이질적 자연환경과 문화적 환경에 대한 이해력과 적응력이다. 이와 같은 여러 가지 능력을 배양하는데 숲과 자연생태계는 훌륭한 교육적 자원이 될 수 있다. 한 지역의 문화는 그 지역의 자연 생태계에 의해 형성되고 가꾸어지기 때문에 그 지역의 자연생태계를 이해하는 것은 그지역의 문화를 이해하는 근본이 된다. 지속가능성을 위한 변화는 지역사회를 중심으로 이루어진다. 지역사회는 환경문제가 일어나고 있는 현장이기도 하며 지속가능성을 위한 변화의 실험실이기도 하다. 따라서 지역사회는 지속가능한 환경교육을 위한 학습장이 될 수 있다.

그러나 위와 같은 교육을 실시하려면 많은 문제점이 뒤따른다. 대부분이 도시화한 환경에서 현장 중심의 교육을 시켜야 하는 문제, 가속화되고 있는 지구촌 시대에서 국제화한 교육을 시키는 문제, 지역사회를 교육의 장소로 활용하는 문제 등이다. 이 같은 문제들을 해결하고 현장중심의 국제적인 환경교육을 시키기 위해선 현재 주류 교육기관에서 이루어지는 교육과는 크게 다른 변화가 요구된다.

이 책의 나머지 부분에서는 지속가능한 환경교육의 모델을 찾기 위해 파격적인 교육을 실시하고 있는 체험과 현장 중심의 환경 교육을 실시하는 해외의 교육 현장을 대상으로 사례 연구를 실시하고 이들이 지니는 공통점과 특징을 조사하여 정리하여, 우리나라 교육개혁을 위한 참고가 될 수 있도록 하였다.

3. 숲으로 간 학교 사례 연구

사진 설명. 맨 위쪽부터 시계 방향으로: SFS 캐나다 센터 온대우림 고목림 현장 실습, 코스타리카 국립공원 현장탐방, 캐나다 센터 연어 치어 포획 실습, 코스타리카 센터 니카라과 생물다양성 실습, 캐나다 센터 벌채 후 다시 자라는 숲 조사 실습

가. 현장 및 체험 중심 환경 교육 사례 연구

본 사례 연구는 해외의 현장 및 체험 중심적 환경 교육을 살펴보고 이들의 특징, 공통점 등을 묶어 우리나라의 체험적 환경교육을 위한 최적의 모델을 찾아내려는 목적으로 수행되었다. 연구의 초점은 체험 환경교육의 목적, 대상, 방법을 통해 이들이 지니는 특징과 공통점을 찾는 것에 맞추었다. 본 연구를 위해 현장 중심의 체험적 환경 교육을 실시하고 있는 8개 해외 환경 교육기관으로부터 입수한 정보와 자료를 바탕으로 초기 연구를 진행하고, 현장을 직접 방문해 진행 중인 프로그램을 참관하거나 프로그램 운영자들과의 회의와 면담 등의 방법을 이용해 연구를 실시하였다.

나. 조사 대상 프로그램 선정 배경

사례 연구 대상으로 삼은 8개 환경교육 기관은 효율적 연구를 위해 필자 임의로 선정한 곳들이다. 이들은 필자가 과거 직접 근무 했거나, 필자가 프로그램 운영이나 기획에 참여했거나, 또는 필자가 살고 있는 곳 주위에서 이루어지고 있는 사례들이다. 따라서 8개의 사례 중 4곳이 지리적으로 캐나다 밴쿠버 아일랜드에 편중되어 있다. 그러나 최대한 다양성을 꾀하였다. 따라서 선정된 8개의 프로그램은 교육 대상, 다루는 환경문제의 속성, 교육이 이루어지는 현장, 교육기간, 교육 방식 등의 측면에서 다양성을 지니도록 하였다.

SFS 캐나다 센터는 필자가 1999년부터 2003년까지 근무한 경험이 있는 곳 이며 SFS 멕시코, 코스타리카 센터는 SFS 본부의 적극적인 협조와 후원 하에 2004년 여름 학기 프로그램 기간 중 3주간 방문해 각종 학습 활동을 참관하고 조사 할 수 있는 기회를 가질 수 있었다. SFS 호주 센터와 일본 무사시 (武藏工業大學) 대학 제휴 프로그램 역시 SFS 본부의 관대한 자료 협조를 통해 프로그램 내용과 운영방법을 조사 할 수 있었다. 몬테베르데 인스티튜트 프로그램은 SFS 코스타리카 센터 방문 기간 중 직접 몬테베르데를 방문해 소장 및 담당 직원들과 면담을 통해 관련 정보를 수집했다. 모렐 자연보호지 프로그램은 필자가 교육 프로그램 운영에 직접 참여하고 있으며, 와일드 우드 교육프로그램 역시 지리적 이점과 프로그램 운영자와의 개인적 친분을 최대한 활용해서 조사했으며, 일본 학생들을 위한 해외 현장 체험 교육을 운영하고 있는 타마가와 학원 나나이모 분교 역시 지리적 이점을 살려 추가시켰다. 따라서 본 연구는 8개 프로그램을 중심으로 교육대상 및 기간, 교육 현장 주위의 자연 환경적 특징, 교육목적, 교육내용, 교육방법 등을 조사하고 분석하였다.

다. 조사 대상 환경 교육 프로그램

본 연구를 위해 조사 대상으로 삼은 환경 교육 프로그램은 다음과 같으며, 각 프로그램의 세부적 내용은 3부에 자세히 소개하였다.

1) SFS 캐나다 센터 해안 우림 및 수산자원 보전 프로그램: School For Field Studies Center for Coastal Temperate Rainforest and Fisheries Studies, Bamfield, Canada
2) SFS 멕시코 센터 연안 연구 프로그램: School For Field Studies Center for Coastal Studies, Puerto San Carlos, Mexico
3) SFS 코스타리카 센터 지속가능한 발전 프로그램: School For Field Studies Center for Sustainable Development Studies, Atenas, Costa Rica
4) SFS 호주센터 - 일본 무사시 대학 제휴 열대림 보전 및 환경정보 프로그램
5) 코스타리카 몬테베르데 인스티튜트 운무림 보전 프로그램: Monteverde Institute, Monteverde, Costa Rica
6) 캐나다 모렐 자연보호지 청소년 프로그램: Morrell Nature

Sanctuary, Nanaimo, Canada
7) 캐나다 와일드우드 성인 대상 친자연적 임업 교육 프로그램: Wildwood, Nanaimo, Canada
8) 일본 타마가와 학원 (玉川學園) 캐나다 분교 중학생 프로그램: Tamagawa Gakuen Nanaimo Center

라. 교육대상 및 기간

8개 프로그램의 교육 대상은 교육내용에 따라 초등학교 학생부터 일반인까지 다양하다. 체험 중심의 프로그램은 대체로 초등 및 중학교 학생들을 대상으로 하고 있었으며, 모렐 자연보호지, 와일드우드, 타마가와 프로그램이 이같은 예에 속한다. 좀더 학구적이고 연구 중심의 교육 프로그램은 주로 대학생들을 대상으로 하고 있다. 이 프로그램들은 체험 교육 이외에 환경문제 해결을 위한 전문능력 배양을 목표로 하고 있어 대학생뿐만 아니라 대학원생 및 일반인들까지 참가의 문호를 개방하고 있다. SFS 각 센터들이 운영하는 프로그램과 몬테베르데 인스티튜트의 프로그램이 그 같은 예이다. 성인을 위한 프로그램은 특정 단체를 위해 특별한 목적으로 수시로 개설되어 운영된다. 몬테베르데 인스티튜트의 지역사회 주민들을 위한 각종 전문 프로그램이 좋은 예이다. 와일드우드에서도 매주 토요일 마다 실시하는 숲 탐방 프로그램이 있는데 일반인들을 상대로 한 대표적 체험 프로그램이다. 체험중심과 초등학교 및 중학교 학생들을 대상으로 한 프로그램은 교육기간이 2시간에서 2주까지 단기인 반면, 대학생 이상을 대상으로 한 SFS의 프로그램은 대체로 1개월에서 3개월까지 장기간 진행되었다. 몬테베르데의 교육프로그램은 프로그램의 성격에 따라 단기의 경우 2주, 장기의 경우에는 4주에서 10주까지 다양하다. 몬테베르데의 프로그램은 매년 정기적으로 개설되는 프로그램도 있지만, 그 이외의 프로그램은 위탁기관 (주로 미국의 대학들)의 주문에 따라 맞춤형으로 운영되기 때문에 상호 합의하에 기간과 교육내용이 결정된다.

표 3.1. 교육대상 및 교육기간

프로그램	교육대상				교육기간
	초중	고	대	일반	
1. SFS 캐나다		✓	✓		2주, 1개월, 3개월
2. SFS 멕시코		✓	✓		1개월, 3개월
3. SFS 코스타리카		✓	✓		1개월, 3개월
4. SFS-무사시			✓		2주
5. 몬테베르데 인스티튜트		✓	✓	✓	2주 - 10주
6. 모렐 자연보호지	✓			✓	2시간, 1일, 2-3일
7. 와일드우드	✓	✓	✓	✓	3-4시간
8. 타마가와 캐나다	✓				16일

마. 교육 현장의 특징

(1) 천혜의 자연환경

조사 대상 프로그램 모두가 천혜의 환경 속에 위치하며 그같은 주위의 환경을 관찰, 체험, 실습, 연구조사, 실험 등 각종 학습 및 연구 활동을 위해 최대한 활용하고 있었다. 거의 대부분의 프로그램이 파괴되지 않은 산림 생태계나 오염되지 않은 강, 바다, 갯벌 등에서 진행되었다. 또한 조사 대상 프로그램의 대부분이 온대우림, 연어산란 하천, 늪, 국립공원, 열대 운무림, 맹그로브 습지, 오염되지 않은 백사장, 사막과 같이 지구상에서 거의 사라지고 일부지역에만 남아 있는 희귀한 생태계를 바탕으로 운영되고 있었다. 파괴되지 않은 자연생태계는 도시주위의 변형된 생태계에 익숙해 있는 학생들에게 변형된 생태계와 비교 연구 등을 위한 자연 생태계의 원형으로 활용할 수 있다. 이 때문에 프로그램을 운영하는 교육기관 모두가 산간이나 해안의 오지에 위치하고 있다. 파괴되지 않은 상태의 생태계로 인해 학습활동이 이루어지고 있는 현장 주위에는 많은 야생동물들이 서식한다. 캐나다 센터의 야생연어와 흑곰, 흰머리 독수리, 멕시코 센터의 쇠고래와 바다거북, 코스타리카 센터의 원숭이, 켓살, 투칸 등 열대 조류 등이 좋은 예이다. 조사 대상 각 교육 프로그램은 이같은 천혜의 생태계와 그 속에 서식하는 동식물들을 교육적 자원으로 최대한 활용하고 있다.

(2) 환경문제의 현장

그러나 이 같은 교육현장은 또 환경문제의 현장이기도 하다. 천혜의 자연환경을 가지고 있는 만큼 이를 이용하려는 여러 가지 활동이 천혜의 환경을 위협하고 있으며 심지어 그 같은 일이 불법적으로 자행되기도 한다. 캐나다 센터 주위에서는 대규모 임업회사들이 모두베기 벌채 방식으로 산업용 목재를 생산하면서 원시림 상태의 온대우림 생태계를 파괴하면서 이에 반발하는 지역사회와 마찰을 빚고 있다. 멕시코 센터에서는 수산물 가공 공장이 내뿜는 폐수로 인해 쇠고래와 바다거북이 서식하는 내해를 오염시키고 있다. 또한 멸종 위기에 처해 있는 바다거북을 식용으로 사용하는 지역 주민들의 관습과 전통 또한 환경문제의 한 원인이 되고 있다. 코스타리카에서는 파괴되지 않은 천혜의 열대우림을 바탕으로 한 생태관광이 공원 수용능력을 초월하는 많은 방문객들을 불러들여 생태계의 건전성을 오히려 위협하고, 국립공원과 같은 보호지역에서 상업적 가치가 높은 특정 동식물을 대상으로 불법 포획이나 밀렵이 자행되면서 생물다양성 보전에 커다란 위협이 되고 있다. 따라서 체험 중심의 환경교육이 이루어지고 있는 현장은 주로 천혜의 상태에 있는 현장 주위에 위치하지만 그 때문에 이를 이용하려는 법적 또는 불법적 인간의 활동으로 많은 위협에 처해있는 곳이기도 하다.

(3) 지리적 접근성 및 역사적 배경

조사대상 프로그램 중 도시 내 또는 도시 근교에서 운영되고 있는 경우도 있었는데, 모두 오랜 이용역사를 지녀 천혜의 환경과는 거리가 멀지만 교육적 효과를 거둘 수 있는 역사적 배경을 지니고 있거나 유리한 지리적 접근성 때문에 교육용 목적으로 활용되고 있었다. 캐나다 밴쿠버 아일랜드의 와일드우드는 규모는 55헥타르에 불과한 조그만 숲이지만 소유주에 의해 60년 넘게 친 자연적으로 가꾸어진 희귀한 숲으로서 자연보전을 위한 높은 교육적 가치를 지닌다. 모렐 자연보호지 역시 원래 있던 숲이 80 여 전 벌채된 후 다시 자라는 숲으로 이루어져 있지만 캐나다 주립공원 수준의 자연 상태를 유지하고 있다. 이는 또 도시 내에 위치해 있는 관계로 저렴한 비용으로 손쉽게 환경체험 교육을 실시할 수 있는 장점을 지닌다.

(4) 지역사회와의 관계

천혜의 자연환경이 있는 곳에는 천혜의 자원에 의존해 살고 있는 주민들이나 지역사회 경제가 존재한다. 지역사회는 환경문제가 인간과 자연간의 문제라는 점에서 지역 환경문제 해결의 관건을 쥐고 있다. 지역사회를 이해하는 것은 환경문제 해결을 위해 매우 중요하기 때문에 지역사회도 자연환경과 마찬가지로 훌륭한 환경교육자원이 된다. 조사대상 대부분의 교육기관은 지역사회의 환경문제를 교육과 연구의 대상으로 삼고 있으면서 지역사회와 밀접한 관계를 맺고 서로 도움을 주고받는 관계를 맺고 있다.

표 3.2. 각 프로그램이 교육용으로 활용하고 있는 자연환경

프로그램	교육 자원으로 이용 또는 접근 가능한 자연환경
1. SFS 캐나다	온대우림, 산업적 벌채지, 늪, 해양, 하천, 갯벌, 연어, 곰, 조간대 생물, 원주민 마을
2. SFS 멕시코	해양, 맹그로브, 사막, 고래, 바다 거북, 양식장, 수산가공 공장, 어촌
3. SFS 코스타리카	국립공원, 열대우림, 운무림, 하천, 해양, 커피, 바나나 농장, 유기농장, 농촌, 인근 마을 지역사회, 산촌, 생태관광지, 니카라과
4. SFS호주 - 무사시	열대우림, 조림지, 양묘장, 분획화 또는 고립화된 산림, 생태관광지
5. 몬테베르데 인스티튜트	열대 운무림 보호지역, 몬테베르데 지역사회, 야생조류, 생태관광지
6. 모렐 자연보호지	성숙 이차림, 호수, 늪, 자연해설 센터
7. 와일드우드	고목림, 거목, 개별목 선택 벌채림, 친생태적 산림경영
8. 타마가와 캐나다	농장, 호수, 원주민 마을, 캐나다 현지 학교, 주립공원

바. 교육 목적

(1) 자연관찰 및 체험

환경 교육의 목적은 프로그램 기간, 교육대상 등에 따라 크게 달랐다. 초중고등 학생들을 대상으로 한 프로그램은 체험 중심 교육이 주를 이루었다. 체험 프로그램 중 상당부분은 교실에서 이미 배운 내용을 현장에서 직접 관찰하고 체험함으로써 학습효과를 크게 향상시키기 위함이다. 이 연령 단계에서 자연 체험은 자연의 신비로움, 자연의 아름다움, 자연의 과학적인 면, 자연의 조화로움 등 우리 인간세계에서 추구하고자 하는 많은 가치들을 자연세계를 통해 배울 수 있다. 체험적 환경교육 프로그램 운영자의 역할은 학생들로 하여금 직접 자연을 체험하고 자연이 지니고 있는 많은 성질과 가치를 스스로 발견하고 깨달을 수 있도록 도와주는 것이다. 또한 그같은 자연세계 속에서 인간의 위치나 자연과의 관계를 발견할 수 있도록 도와주는데 있다. 감수성이 예민한 연령 단계의 청소년들에게 실시하는 자연체험 교육은 다른 연령단계보다 훨씬 높은 교육 효과를 거둘 수 있다. 특히 어릴 때부터 맺은 자연과의 건전한 관계나 자연과의 교감 경험은 성인이 되어 자연 보전을 위한 노력으로 발전 할 수 있다. 모렐 자연보호지에서 이루어지는 초등학교 학생들을 위한 프로그램의 대부분은 자연생태계를 구성하고 있는 동식물을 학생들의 친구로 받아들이게 만들어 인간도 자연의 일부라는 인식을 어릴 때부터 길러 주는 것을 교육 목표로 삼고 있다.

(2) 환경문제 해결을 통한 지역사회 변화 유도

졸업 후 전문인으로서 사회 활동을 시작하려는 대학생들에게는 자연체험 이상의 능력을 필요로 한다. 이 단계에서는 전문적인 지식을 갖고 환경문제를 해결 할 수 있는 능력배양이 요구된다. 다른 문제들과 달리 환경문제는 자연환경과 인간간의 문제이고 해결과정에 장기간의 시간이 소요되기 때문에 그 같은 해결과정을 대학의 강의실이나 실험실처럼 전통적 교육환경에서는 체험하기가 거의 불가능한 것들이다. 이 때문에 SFS 각 센터에서는 환경문제가 있는 곳에 학교를 일부러 세우고 환경문제가 존재하는 현실 속에서 교육을 실시한다. 이처럼 학생들을 문제의 현장 속에 집어넣고 지역사회가 직면하고 있는 환경문제의 현실을 직접 체험하도록 한다. 또한 환경문제 해결과정의 일부에 직접 참여해 문제해결과정도 체험 할 수 있도록 한다. 또한 지역사회의 당면한 환경문제를 다룸으로써 궁극적으로 지역사회의 변화를 유도한다. 이는 SFS 각 센터와 몬테베르데 인스티튜트가 추구하는 목표와도 일치한다.

(3) 해외문화 체험

이질적 자연환경은 이질적 문화를 만든다. 이질문화를 체험하는 것도 각 프로그램이 추구하는 교육 목적 중의 하나이다. SFS 각 센터에서는 학생들이 원주민 문화를 포함한 지역사회 문화를 직접 체험 할 수 있도록 하고 있다. 특히 코스타리카 센터에서는 스페인어와 함께 '코스타리카 언어문화'라는 과목을 정식으로 개설해 프로그램의 일부로 운영하고 있다. 이과목에는 어학교육이나 문화강의 외에도 현지 주민 가정에 이틀 동안 민박하며 코스타리카의 가정을 직접 체험하는 부분도 포함되어 있다. 현지문화 체험을 강조하고 있는 몬테베르데 인스티튜트의 교육프로그램 또한 교육 프로그램에 참가하는 학생들을 교육기간 중 모두 현지 가정에 입주시키는 것을 원칙으로 하고 있다. SFS-무사시 프로그램이나 타마가와 캐나다 센터 프로그램 또한 일본의 도시화한 환경에서 자란 학생들을 위해 이질적인 현지 문화와 자연환경 체험을 제공하는 것이 주된 교육의 목적중 하나이다.

(4) 특정 자연환경이 지니는 특징

자연체험은 사회생활을 하는 성인들을 위해서도 훌륭한 교육기회가 될 수 있다. 특히 도시거주자나 자연과는 무관하게 생활하는 사람들에게 또는 자연에 관심이 많은 사람이라 할지라도 이질적 자연환경에서 색다른 자연체험을 할 수 있다. 모렐 자연보호지는 타 지역에서 이사해 온 주민들이나 현지 자연에 대해 좀더 알고 싶어 하는 일반인들을 대상으로 기본적인 자연체험 교육 프로그램을 운영하고 있다. 일반인들을 위한 프로그램은 와일드우드에서도 운영되고 있는데 와일드우드의 독특한 산림경영방법을 일반인들에게 널리 알리기 위한 목적으로 실시되고 있어, 특히 임업에 종사하는 사람들에게 많은 호응을 얻고 있다.

사. 교육 내용

교육내용은 교육이 이루어지고 있는 현장의 자연환경과 관련한 생태, 자연관리, 경제 및 환경 윤리 등 지역사회의 환경문제 해결을 위해 필요한 내용들을 다룬다.

(1) 생태

자연생태는 조사대상 모든 프로그램의 가장 보편적인 학습 내용이었다. 학습활동이 이루어지고 있는 곳의 동식물 관찰 및 식별 활동으로부터 시작해서 특정 생태계가 지니는 특징과 이를 보전하기 위해 필요한 조건들을 학습 내용으로 삼고 있었다. 예를 들어 SFS 캐나다 센터는 온대우림 생태계의 특징, 구성 성분, 구조 및 기능과 함께 이 숲 속의 산란 개울로 회귀하는 연어의 생명주기와 연어가 부화한 후 성장하는데 필요한 서식환경을 다루었다. SFS 멕시코 센터는 인근 지역에서 볼 수 있는 두 가지 대표적인 해양 동물인 쇠고래와 바다거북의 생명주기와 함께 먹이, 출산, 수유, 생장과 관련한 생태적 특징을 다루었다. 멕시코 센터는 이들의 서식환경과 밀접한 관련을 갖고 있는 맹그로브 습지 생태학도 함께 가르치고 있다. 센터 주위의 선인장으로 덮인 사막 생태학 또한 학생들의 호기심을 끄는 과목이다. SFS 코스타리카 센터에서는 열대우림, 운무림의 생태적 특징, 그 안에 서식하는 동물, 조류, 곤충들의 생태적 역할을 다룬다. SFS 호주 센터와 일본 무사시 대학 합동 프로그램은 열대우림 보전 문제와 관련해 호주 동북해안 지역의 열대우림 생태를 다루고 있다. 더글러스 전나무 숲이 주를 이루고 있는 모렐 자연보호지 및 와일드우드 프로그램은 더글러스전나무 숲의 생태적 특징을 주로 다룬다.

(2) 자연자원 관리

많은 생물 종들은 인간이 이들을 경제적으로 이용하면서 자원으로 변한다. 각 나라나 지역사회마다 현지의 생태계를 통해 생계나 경제활동을 위해 필요한 자연자원을 조달해 왔다. 이 때문에 각 프로그램이 다루는 환경문제의 초점도 자연자원의 보전과 현명한 이용을 다루는 자연자원 관리에 있다. SFS 캐나다 센터는 온대우림을 산업적으로 벌채해 목재자원을 생산하면서 발생하는 산림 생태계 파괴 및 생물다양성 유실과 같은 제반 환경문제를 다루었다. 벌채로 인한 연어산란 하천 파괴 문제와 파괴된 연어산란 하천을 복구하는 내용도 함께 다루었다. 또한 벌채지 내에 있는 연어 산란하천을 보호하는 방법과 산림생태계의 건전성과 다양성을 보전할 수 있는 벌채방법을 연구하였다. SFS 멕시코 센터는 쇠고래를 생태관광에 이용하는 문제와 전통적으로 식량 자원으로 활용해온 바다거북의 보전과 관련한 문제를 다룬다. 또한 이 두가지 해양 포유류 동물을 보전하기 위해 해양보호지구를 설정하기 위한 제도상의 문제와 지역주민들의 협조를 구하는 문제를 연구한다. 이외에도 지속가능한 어족자원관리를 위해 선택적 어획방법이나 야생어족자원을 보호하기 위해 양식업의 경제성 문제를 교육 내용으로 삼고 있다. SFS 코스타리카 센터는 보호구역내의 열대우림을 관광자원으로 활용하는 문제와 바나나나 커피와 같은 식량자원을 대량으로 또는 기업적으로 생산하면서 발생하는 환경 문제들을 다룬다. SFS 호주센터와 일본 무사시 대학 합동 프로그램은 파괴된 열대우림을 복구하기 위해 조림한 지역의 나무들의 생장상태를 모니터링하는 것이 주요한 학습활동으로 되어 있다. 몬테베르데 인스티튜트에서는 보호지역 내의 열대운무림의 다양성과 건전성을 보전함과 동시에 이를 생태관광 자원으로 활용하여 지역사회 경제에 보탬이 되도록 하는데 따르는 환경문제를 다룬다. 와일드우드 프로그램은 나무 하나 하나를 개별적으로 선택해 벌채하는 방법을 이용한 친 생태적 자원 관리 방법을 소개하는데 초점을 맞추고 있다.

(3) 경제 및 환경 윤리

환경문제는 인간사회와 관련된 문제이기 때문에 경제적인 측면을 무시할 수 없다. 앞의 생태와 자연자원 관리가 자연계의 문제를 다루는 것이라면, 경제 및 환경윤리는 환경문제의 인간사회적 측면의 내용을 다루는 것이라고 할 수 있다. SFS 캐나다 센터는 자연자원의 소유권제도가 지역경제를 위해 긍정적으로 작용하지 못했던 역사적 사실로부터 좀더 지역사회를 기반으로 한 소유권제도를 다루었다. 즉 자연자원을 지역사회 밖에 존재하는 대기업의 이윤창출을 위해서가 아니라 지역경제 발전을 위해 고용을 창출하고 지역경제 다각화에 이바지 할 수 있는 제도나 방안을 다루었다. 환경윤리와 관련된 내용은 온대우림 벌목을 둘러싸고 일어난 환경분쟁을 통해 온대우림과 같은 야생자연에 대한 다양한 인간의 태도와 자연관을 다루었다. 또한 환경운동을 통해 사회변화를 주도하는 환경운동주의의 성과도 함께 다루었다. SFS 멕시코 센터 프로그램은 어떻게 해양자원을 보전하고 동시에 낙후된 어촌 경제를 살려 고용을 촉진시킬 수 있는지를 집중적으로 다룬다. 또 가리비 조개 양식의 경제성 문제, 센터가 위치한 주위의 바다를 해상보호지구 (MPA: Marine Protected Area)로 지정할 경우 경제적 득실 문제 등을 연구하고 있다. 바다거북을 식용으로 사용하는 전통이 남아 있는 현지 지역사회에서 바다거북의 식용에 따른 윤리적 문제와 이러한 전통에 변화를 가져오기 위한 방법들을 연구하고 있다. SFS 코스타리카 센터에서는 국가경제의 중추적 역할을 하는 커피와 바나나 농업을 중점적으로 다루고 있다. 수출위주의 경제구조를 갖고 있는 코스타리카의 농업을 좀더 친환경적 생산과정을 통해 농업생산력을 지속적으로 유지하고 유기농산물 생산을 통해 부가가치를 높일 수 있는 방법들을 집중 연구하고 있다. 환경윤리적인 내용으로는 생태관광 산업 인증제를 통해 숙박시설이나 관광객 편의 시설 운영과 관광프로그램 운영자들의 생태계 내에서의 관광활동을 좀더 친환경적으로 유도하기 위한 문제점에 관한 내용을 다룬다. 이런 측면의 연구와 교육은 몬테베르데 인스티튜트의 프로그램의 주된 내용이기도 하다. 매년 20여 만 명의 관광객이 방문하면서 지역사회 경제에 커다란 도움을 주고 있는 반면 인구 증가와 관광시설 등이 팽창하면서 지역경제의 기반이 되는 운무림 생태계의 건전성과 다양성이 크게 위협받게 되면서 운무림 생태계 보전이 심각한 지역사회 문제로 대두되고 있기 때문이다.

(4) 지역사회의 문화 체험

SFS의 모든 센터와 몬테베르데 인스티튜트에서는 지역사회 문화 체험을 매우 강조하고 있다. 환경문제는 지역사회 문화와 관련되어 있고 환경문제의 해결 열쇠도 지역사회 문화에서 찾을 수 있기 때문이다. 지역사회 문화 체험을 가장 강조하고 있는 곳은 SFS 코스타리카 센터 이다. SFS 코스타리카 센터에서는 코스타리카 언어와 문화를 별도의 과목으로 개설하고 스페인어와 코스타리카 문화와 역사를 강의하고 강의에 따른 실습으로 주말에는 학교가 속해 있는 지역사회 주민들과 체육, 오락, 환경미화 사업, 청소년들을 위한 환경교육, 지역주민 가정에 홈스테이 등 다양한 활동을 통해 현지 주민들과 직접 접촉하며 문화 체험을 할 수 있도록 하고 있다. 몬테베르데 인스티튜트에서도 문화체험을 강조해 모든 학생들을 현지 가정에 입주시켜 교육기간 중 문화체험과 함께 현지 언어를 의무적으로 익히게 하고 있다. SFS 캐나다 센터에서는 입주체험은 없었지만 학교 인근의 원주민 마을의 토템기둥 조각장 방문, 전통카누 시승, 포트래치등 원주민 마을에서 열리는 각종행사에 참가해 원주민들의 문화를 체험할 수 있도록 하였다. SFS 멕시코 센터는 홈스테이 프로그램은 없지만 현지초등학교에서 학생들에게 영어를 가르치거나 환경의식을 높이기 위한 여러 가지 지역사회와 관련한 프로젝트를 수행한다. 일본 타마가와 학원의 중학생 프로그램은 참가 학생들로 하여금 캐나다 현지의 학교, 원주민 마을, 주립공원을 방문해 캐나다의 문화와 자연환경을 체험할 수 있도록 하고 있다. 일본 중학생들은 교육기간 중 캐나다 가정에 2일 정도 입주해 현지문화를 체험한다.

각 프로그램 별 교육 내용을 요약하면 다음과 같다.

표 3.3. 프로그램 별 교육 내용

프로그램	교육 내용
1. SFS 캐나다	온대우림 및 연어생태, 자원관리, 경제 및 환경윤리, 자연체험, 지역사회 환경문제 연구조사, 지역사회 활동 참여
2. SFS 멕시코	바다거북 및 쇠고래, 맹그로브생태, 자원관리, 경제 및 환경윤리, 자연체험, 지역사회 환경문제 연구조사, 지역사회 활동 참여
3. SFS 코스타리카	열대 운우림 및 농업생태, 자원관리, 경제 및 환경윤리, 자연체험, 지역사회 환경문제 연구조사, 지역사회 활동 참여
4. SFS호주 - 무사시	열대림생태, 자원관리, 경제 및 환경윤리, 자연체험, 연구조사
5. 몬테베르데 인스티튜트	열대림생태, 자원관리, 경제 및 환경윤리, 자연체험, 지역사회 환경문제 연구조사
6. 모렐 자연보호지	현지의 자연환경과 관련한 자연체험
7. 와일드우드	현지의 자연환경과 관련한 생태, 자연체험, 친자연적 산림관리
8. 타마가와 캐나다	자연체험, 문화체험, 야외활동 체험

아. 교육 방법

조사대상 프로그램이 모두 열린 공간을 최대한 활용하여 학습활동을 하는 점에서 닫힌 공간 중심의 전통적 교육과 크게 다르다. 학습 활동이 이루어지는 공간이 강의실, 실험실, 컴퓨터실이 아니고 숲, 개울, 바다, 갯벌, 습지 등 생태계의 현상이 직접 일어나고 있는 곳을 찾아가 현장에서 학습활동을 펼친다. 현장을 필요로 하지 않는 일부 활동을 제외하고 거의 대부분의 학습활동이 밖에서 이루어지는 것이 특징이다. 실내에서 이루어지는 학습활동도 강사에 의한 일방적 주입식이 아니고 게임, 역할극 등 학생들의 능동적 참여를 통해 스스로 배울 수 있도록 한다. 조사대상 프로그램이 활용하고 있는 학습방법을 형태별로 정리하면 다음과 같다.

(1) 현장강의

현장강의 (Field Lecture)는 학습내용과 직접 관련된 현장을 방문해 현장에서 생태계의 특징이나 현상을 직접 보고 관찰하면서 강의를 진행한다. SFS 캐나다 센터에서는 온대우림의 생태적 특징, 구조, 역할, 기능에 대한 학습을 온대우림 원시림 속에서 실시하였다. 연어의 생태에 관해서는 연어가 회귀하는 하천에 가서 산란하는 장면이나 산란 후 죽은 시체, 곰이나 야생동물이 숲 속으로 끌고 갔다 먹고 남긴 연어 시체들을 직접 보면서 연어의 생명주기와 연어와 숲과의 관계를 강의한다. SFS 멕시코 센터는 바다거북과 쇠고래가 서식하는 막달레나 만, 맹그로브 숲, 사막, 모래백사장 등 프로그램 내용과 관련된 생태계 현장에서 직접 강의를 진행한다. SFS 코스타리카 센터나 몬테베르데 인스티튜트에서는 저지대의 열대우림과 고산지대의 운무림을 직접 찾아가 숲 속에서 열대식물들의 경쟁, 공생, 생존전략 등을 강의 한다. 청소년들을 위한 모렐 자연보호지 프로그램과 와일드우드 프로그램은 숲 속의 탐방로를 걸으면서 관찰 대상으로 가치가 있는 곳 마다 멈추어 서서 설명을 한다. 설명 내용은 식물의 이름, 각 식물이 숲 속에서 지니는 생태적 역할, 야생동물의 흔적, 인간의 간섭이 가해진 흔적, 토양 양분, 수분, 햇볕과 식물들과의 관계 등 이다.

(2) 현장실습

현장실습 (Field Exercise)은 현장강의 이후에 강의를 통해 배운 내용을 좀더 심화시키기 위해 진행된다. 이 방법은 대체로 시간이 많이 걸리기 때문에 대학생을 대상으로 한 장기 프로그램에서 주로 활용된다. 이는 현장 중심, 체험 중심 교육을 특징짓는 가장 대표적인 학습방법이다. 학생들 스스로 손발을 움직여 데이터를 수집하고 그 결과를 분석하는 과정 중에 자연스럽게 학습이 이루어진다. 현장 실습 과정에서 강사의 역할은 학생들에게 특정 지식을 전달하기보다 학생들 스스로 깨우칠 수 있도록 도와주는 것이다. 따라서 현장실습은 강의 없이 현장 실습을 통해 얻은 결과를 놓고 학생들 스스로 깨닫게 만든다. 이과정에서 강사의 역할은 학생들의 결과 분석이나 해석이 올바른지를 확인한 것 뿐 이다. 예를 들면 SFS 캐나다 센터에서는 고목림과 새로 자라는 이차림 숲이 구조적으로 어떻게 다른지를 고목림 숲과 이차림 숲을 직접 방문해서 숲의 구조를 나타내는 여러 가지 데이터를 수집한 다음 학교로 돌아와서 각 숲의 측면도를 그리게 한 다음 그려진 측면도를 놓고 토론을 벌인다. 고목림과 새로 자라는 숲과의 생태적 특징뿐만 아니라 나무의 양을 조사해 경제적인 차이도 비교 분석해 본다. SFS 멕시코 센터에서는 바다거북을 그물로 포획해서 종을 식별하고 신체의 각 부분을 계량하고 입을 벌려 먹은 음식물을 조사하기도 한다. 이 과정에서 학생들은 거북과의 신체적 접촉을 하게 되며 평생 기억될 거북과의 특별한 인연을 맺기도 한다. SFS 코스타리카 센터에서는 국립공원 내 열대우림 지역을 관통하는 도로 주변 지역과 안쪽 지역을 대상으로 조류의 종류와 개체수를 비교 조사해서 고속도로 건설이 새들에게 미치는 영향을 연구한다. 국립공원 안을 흐르는 하천에서 수생곤충의 종과 개체수를 조사해 하천의 수질을 검사하는 방법을 실습하기도 한다. 코스타리카 센터 프로그램의 주요 내용 중 하나인 유기농업과 관련해 유기농법을 사용하는 농장과 그렇지 않은 농장간의 생물다양성과 생태계 건전성을 비교하는 실습을 한다. 이 실습에는 곤충과 같이 생물다양성과 건전성을 간접적으로 나타내는 지표종 (指標種, indicator species)을 이용한다.

(3) 현장탐방

현장탐방 (Field Trip)은 교육내용과 관련된 현장이 학교로부터 멀리 떨어져 있을 경우 현장을 직접 찾아가 눈으로 직접 보고 확인하거나 관계자들로부터 설명을 들으면서 강의실에서 간접적으로 배운 내용을 자기 것으로 만드는 체화과정이다. 현장 탐방은 경우에 따라 1일에서 5일까지 걸린다. 현장탐방 대상이 되는 곳은 SFS 캐나다 센터의 경우 습지, 하구, 원시림 등 특정 생태계의 특별한 모습이 보존 되어 있는 보호지역, 산림 벌채나 가공과 같은 산업 활동이 일어나고 있는 현장, 수산 양식장, 환경단체, 연구기관, 정부기관, 연어 인공부화장, 친환경적 자연자원 관리를 직접 실천하고 있는 사람이나 그 현장 등 이다. SFS 멕시코 센터는 센터 주위에 존재하는 희귀하고 특별한 생태계를 직접 방문한다. 맹그로브 숲으로 형성된 해안습지, 선인장으로 덮인 사막 생태계, 전적으로 어업에 종사하고 있는 어촌마을이 그 예이다. 생태관광업이 활발한 지역을 방문해 센터가 위치한 도시와 비교하기도 한다. SFS 코스타리카 센터의 경우는 국립공원, 활화산, 운무림 생태계, 커피, 바나나 농장뿐만 아니라 국경을 넘어 니카라과 같은 접경국가를 방문해 유사한 열대우림 생태계나 국립공원과 같은 보존지역들이 법제도가 다른 나라에서는 어떻게 관리되는 지를 비교한다. 국토면적이 작지만 좁은 공간 안에 다양한 지형과 생태계를 지니고 있으며 다양한 산업 활동이 일어나고 코스타리카의 특징을 살려 SFS 코스타리카 센터에선 많은 현장탐방을 실시되고 있다. 몬테베르데 인스티튜트 프로그램도 교육 내용에 따라 다양한 곳을 방문한다. "국제환경법 및 지속가능한 발전" 프로그램의 경우 코스타리카 생물다양성 연구소, 환경 및 자연자원 법률 센터, 국제 정치경제 및 지속가능한 발전 연구소, 환경부, 자연 자원부, 해양국립공원, 농장, 수목원 등을 방문한다. 몬테베르데 인스티튜트 프로그램은 움직이는 학교라고 할 수 있을 정도로 프로그램 기간의 반 이상을 학교가 있는 몬테베르데 밖에서 현장 탐방으로 보낸다.

(4) 논문 지도 연구

대학생 이상을 대상으로 하는 SFS 센터와 몬테베르데 인스티튜트 프로그램에서 활용하고 있는 방법으로 지역사회나 지도교수에 의해 이미 결정되었거나 계획되어 있는 연구주제를 가지고 프로그램 기간 동안 연구조사 (Directed Research) 활동을 벌인다. 학생들은 다수의 연구 주제 중 자신이 원하는 연구 주제를 스스로 선택한다. 학생들은 논문지도 연구를 통해 몇 년씩 걸리는 센터의 장기 연구프로젝트에 참여하게 된다. 학생들은 프로그램 기간 중 익힌 현장조사 기법을 활용해 데이터를 수집하고 분석한다. 연구결과 발표는 연구와 직간접적으로 관계가 있는 지역사회 주민들이나 이해집단에 속한 사람들을 초청해 공개적으로 진행한다. 논문지도 연구의 목적은 학생 스스로 연구계획을 세우고 현장조사를 통해 독자적으로 연구 수행 할 수 있는 능력을 배양하기 위함이다. SFS의 각 센터와 몬테베르데 인스티튜트에서는 논문지도 연구를 프로그램 중 가장 중요한 활동으로 다루고 있다. SFS각 센터와 몬테베르데 인스티튜트의 연구주제는 뒤에 자세히 소개하였다.

(5) 토론

환경문제는 이해당사자들의 시각에 따라 전혀 다르게 받아들여 질 수 있다. 또 같은 문제를 놓고 어떻게 접근해야 할지에 대해서도 많은 논란이 있을 수 있다. 강의 중 수시로 자유 토론이 이루어지지만 학생들은 준비와 형식을 갖추어 정식 토론을 벌인다. 정식 토론의 경우 학생들은 2개조 이상으로 나누어 특정 이해 당사자의 입장에서 토론을 펼친다. 토론 중 질서를 유지하기 위해 토론의 룰을 정한다. 학생들은 자신이 속한 팀의 입장을 전체적으로 발표하고 다른 팀의 입장을 공격하거나 상대팀의 공격에 대해 자신의 입장을 방어하는 형식을 취한다. SFS 캐나다 센터에서는 연어양식에 대한 찬반 토론, 환경문제 해결을 위해 고전적 경제, 환경경제, 생태경제 등의 접근방법의 장단점을 서로 토론한다. SFS 멕시코 센터 프로그램에서도 가리비 조개 수산양식에 따른 장단점, 고래 등 해양 포유류 동물을 동물원이나 수족관 등에 감금하는 것과 관련한 환경윤리적 문제들을 놓고 토론을 벌인다. SFS 코스타리카 센터 프로그램에도 생물다양성 보전과 유전자 변형 농산물과 관련한 주제를 놓고 찬반 토론을 벌인다. 특히 코스타리카 프로그램에서는 매주 그 주의 학습내용과 관련된 주제를 정해 정기적으로 토론을 실시한다.

(6) 역할극

역할극 (Role Play)은 학생들이 갈등을 빚고 있는 환경문제의 이해 당사자 배역을 맡아 작은 연극을 꾸미는 활동이다. 토론과 달리 환경문제를 놓고 실제로 일어나는 공청회, 청문회, 모의재판 등의 형식을 빌려 실시된다. 학생들로 하여금 이해 당사자의 입장을 자료를 통해 연구하고 충분히 숙지한 다음 자신이 택한 이해집단의 입장을 명료하게 발표하고 반대 입장에 있는 이해집단의 공격이나 질문에 대처 할 것이 요구된다. 이해 당사자들이 자신의 입장을 발표하고 논쟁을 벌여 쟁점이나 문제의 핵심을 파악 할 수 있도록 한다. 환경문제의 당사자가 되어 그 역할을 연기한다는 점에서 학생들의 관심을 유도하고 스스로 참여를 통해 배울 수 있는 기회를 제공한다. 자료를 읽고 자신이 맡은 배역을 충실하게 수행하기도 해야 하지만 복장이나 소품 등을 활용하는 오락적인 면도 내포하고 있어 흥미를 유발시킨다. SFS 캐나다 센터 프로그램은 센터가 위치한 곳의 일부를 개발해 상업적으로 활용하려는 개발계획을 놓고 개발업자, 지주, 원주민 단체, 마을주민, 고고학자, 생태학자 등을 이해당사자로 등장시켜 모의재판을 실시한다. 개발계획에 포함된 곳은 원주민 마을이 있었던 곳으로 패총이 발견되는 등 고고학적 가치가 있는 곳이다. 또한 원주민들이 성스런 나무로 보호하고 있는 노거수도 개발대상지에 포함되어 있어 원주민들과 마찰을 불러일으킬 소지가 있다. 이런 상황에서 전망이 좋은 이곳을 개발해서 관광객을 유치하고 마을경제에도 도움을 주겠다는 땅주인의 개발계획이 문제가 있다고 소송을 제기한 지역 환경단체와 원주민 마을의 입장을 상황으로 설정하고 모의재판 실시한다. SFS 멕시코 센터 프로그램은 멕시코의 바하 캘리포니아 반도를 일주하고 본토와 연결시키는 해상 육상 교통망 건설 계획인 Nautical Step Project과 관련한 정부, 개발업자, 관광업자, 생태학자, 해양연구소, 주민대표 등 이해당사자들 간의 포럼을 배경으로 설정하고 역할극을 실시한다.

(7) 시뮬레이션 게임

환경문제나 생태계의 원리와 법칙을 게임을 통해 배우는 방법이다. SFS 캐나다 센터에서 사용한 방법 중 두 가지 예를 들면 다음과 같다. 첫 번째는 소유권이 불분명한 공유자원 (common pool resources)과 관련된 것으로 태평양 연안 7개국 (한국, 일본, 미국, 캐나다, 중국, 러시아, 칠레)이 경쟁적으로 참치 잡이를 한다고 가정하고 각 나라 당 년간 허용 어획량, 추정 참치 자원량, 참치 어족자원 증가량과 관련한 기본적인 룰을 정한다. 또한 참치자원 보전과 관련한 각국간의 협조관계와 관련한 시나리오를 설정한다. 즉 국제적인 협약이나 조약을 맺어 자원 이용에 대한 어느 정도의 통제가 존재하는 경우와 전혀 제약이 없는 경우, 각 나라마다 개별 어장을 설정한 경우 등의 시나리오를 설정한 다음 이에 따른 시뮬레이션 게임을 진행하며 각 시나리오에 따라 얼마나 빨리 자원이 고갈되는지를 비교한다. 게임에는 참치를 나타내는 새알 초콜릿을 이용해 매년 어획량에 해당하는 초콜릿을 각 팀에게 주고 소비하도록 한다. 또다른 예는 생물농축 (bioaccumulation)과 관련된 것으로 염화불화탄소 CFC (Chlorofluorocarbon)와 같이 분해되지 않고 생체내에 잔류되거나 축적되는 현상의 심각성을 게임을 통해 이해시키는 방법이다. 학생들은 플랭크톤, 작은 물고기, 큰 물고기, 물개, 바다사자, 범고래로 이어지는 먹이사슬 중 하나를 택해 그 역할을 맡는다. 각 생물 종이 하위의 먹이사슬을 구성하는 생물종을 먹이로 섭취하는 양과 속도를 게임 룰로 정한다. 조그만 조약돌을 CFC로 가정해 각 생물종의 몸속에 축적되어 먹이사슬의 상위단계로 올라가면서 축적되는 양이 많아지는 과정을 게임을 통해 익히게 된다. 게임 전에 관련 내용을 강의하고 게임을 통해 관련내용을 숙지하고 체험 할 수 있도록 한다. 게임은 역할극처럼 학생들이 직접 참여하고 몸을 움직여 배우는 과정으로 흥미를 유발시켜 교육적 효과가 높다.

(8) 자연사(自然史) 발표

SFS의 각 센터에서 실시하고 있는 방법으로 매 학생이 스스로 선택한 생물종이나 자연사, 지역사회의 문화와 관련된 내용을 동료학생들 앞에서 10분 동안 발표함으로써 자신이 흥미를 갖고 있거나 잘 알고 있는 내용을 동료학생들과 함께 나누는 기회로 삼는다. 매 학생들이 번갈아 가면서 매일 한가지 씩 발표함으로써 3개월 한 학기에 2-3 차례 발표의 기회를 갖는다. 발표하는 학생은 발표를 위한 준비 및 조사과정 중 좀더 상세하고 구체적인 내용을 알게 되며 나머지 학생들은 발표내용을 들으면서 새로운 지식을 얻게 된다. 학생들은 현지에서 표본을 구할 수 있는 경우엔 표본을 이용해 설명하도록 한다. SFS 캐나다 센터의 예를 들면 학생들은 현지의 생태계와 밀접한 관련을 맺고 있는 흰머리 독수리, 흑곰, 쇠고래, 민달팽이, 도롱뇽, 뱀, 까마귀, 불가사리, 벌새, 시다나무, 이끼, 지의류 등 특정 생물 종이나 늪과 같은 특수한 생태계에 대해 발표하기도 한다. 또 원주민 문화와 관련된 원주민 전통의식, 토템기둥, 전통가옥 등에 대해 발표하기도하고 해일, 지진, 화산폭발 등과 같은 기상현상에 대해 발표하기도 한다. 현지 자연사에 대한 이해 증진과 함께 학생들의 발표력 향상에도 도움이 되는 방법이다.

(9) 개인연구

SFS 캐나다 센터에서 실시했던 방법으로 지도교수의 지도 하에 팀을 이루어 연구하는 논문지도와는 별도로 학생자신이 개인적으로 흥미를 지니고 있는 분야에 대해 간단한 실험을 통해 한 학기동안 독자적인 연구를 실시한 다음 학기말 동료학생들 앞에서 발표한다. 학생들은 연구방법을 포함한 연구계획서를 사전에 제출해 지도교수로부터 승인을 받아야 한다. 연구는 반드시 실험이나 현장조사를 포함해야 한다. 학생들은 개인적으로 연구 할 수도 있으면 2명이나 3명씩 조를 짜서 연구팀을 만들어 연구할 수도 있다. 이런 기회를 통해 학생들은 자신이 관심 있어 더 배우고 싶지만 프로그램에서 다루지 못하는 부분을 개별적으로 연구 할 수 있는 기회로 삼을 수 있다. 연구주제는 전적으로 개인의 호기심이나 아이디어로부터 나올 수 있으며 지도교수가 추천하는 주제를 택할 수도 있다. 과거에 수행되었던 개인연구 주제를 보면 다음과 같다.

- 벌채가 한번 되었다가 다시 자라는 숲과 원시림 중 어느 곳이 곤충 다양성이 높을까?
- 까마귀는 바닷가에서 조개를 주워 물고 날았다가 바위에 떨어뜨려 깨 먹는데 선택의 기회가 주어졌을 경우 큰 조개와 작은 조개 어느 쪽을 선호 할까?
- 봄철 제일먼저 땅속을 뚫고 나오는 스컹크 배추는 얼마나 빨리 자라며 서로 다른 토양 환경 하에서 생장 속도는 어떤 차이를 보일까?
- 원시림이 벌채된 지역에서 벌채되기 전에 원시림 속에 서있던 나무의 양은 얼마나 될까?

(10) 인터뷰 또는 설문조사

경제 및 환경윤리와 관련된 현장실습은 지역주민을 대상으로 한 인터뷰나 설문조사를 통해 이루어진다. SFS 캐나다 센터의 경우 관광업과 관련한 조사를 하기 위해 숙박업이나 관광객을 상대로 비즈니스를 하는 주민들을 대상으로 설문조사를 실시했다. 설문 내용은 관광객 수용능력, 비즈니스 형태, 판매한 숙박일수, 관광객 평균 체류기간, 관광객이 참여한 관관활동 형태, 단체관광객 규모, 관광업 발전을 위한 제안 등이었다. 학생들은 또 센터에 도착한 다음날 마을의 주요 인사들의 이름을 주고 어떤 사람들인지 무엇을 하는 사람들인지 집은 어디인지를 조사해 오라는 과제를 주기도 한다. 학생들은 만나는 마을 사람들을 붙잡고 질문을 던져 마을에서 영향력 있는 사람이 누군지 그들이 무슨 일을 하는지를 통해 빠른 시간 내에 마을 사람들을 파악하게 된다. SFS 코스타리카 센터에서는 센터가 위치한 마을을 가가호호 방문해 각 가정의 경제상태를 파악한다. 즉 가장의 직업, 수입, 가족 수, 가계지출, 텔레비전, 전화, 컴퓨터 소유 여부 등과 함께 재활용과 같은 친환경적 활동 참여 여부 등도 조사한다. 이는 지역사회의 가정경제를 좀더 잘 이해하고 코스타리카 전국 평균과 얼마나 차이가 나는지를 조사하기 위함이다. SFS 코스타리카 센터에서는 또 유명 생태관광지인 몬테베르데를 방문해 관광호텔의 친환경적 노력을 조사하기도 한다. 즉 일회용 비누나 샴푸를 쓰는지 여부, 화장실 변기에 휴지를 버리는지, 친환경적 비누나 세제를 쓰는지, 투숙객에게 친환경적 서비스를 제공하는지 여부, 친환경적 호텔 인증을 받기 위한 노력 등을 지배인이나 관리인과 인터뷰를 통해 조사한다.

(11) 개인적 체험

학생들은 프로그램에 포함된 활동을 통해서 뿐만 아니라 학습활동이 없는 야간이나 주말에 스스로 여러 가지를 체험하고 배울 기회를 갖는다. SFS 프로그램은 3개월 학기 중 계절의 변화를 경험 할 수 있다. 계절이 변하면서 자연 속에서 사색이나 관찰한 내용을 자연관찰 저널 (journal)에 적도록 한다. 학생들은 자연현상을 관찰하고 느낀 점을 적으면서 자연에 대한 감수성과 이해력을 늘린다. 학생들은 각 센터 내에 마련된 농장에서 농장 일에 참가할 수 있다. 캐나다 센터에서는 텃밭을 가꾸거나 전

학기 학생들이 심은 채소를 다음 학기 학생들이 거둔다. 코스타리카 센터에서는 음식물 쓰레기로 퇴비를 만드는 법을 직접 실습하고 센터내의 농장에 허브 가든을 만들어 각종 식물을 재배하기도 하고 망고, 바나나, 오렌지를 심은 과수원에서 과일을 수확하기도 한다. 학교 농장에서 수확한 과일이나 채소는 학생들의 식단에 그대로 올라 수확의 결실을 직접 맛보기도 한다. 코스타리카 센터에서는 학교 농장으로부터 수확한 과일이나 다른 식량의 자급자족 비율을 높이려는 노력을 하고 있다. 학생들의 배움은 하루의 일과시간에만 이루어지는 것이 아니라 24시간 동안 이루어진다. 특히 SFS 센터 프로그램의 경우 교육기간 중 학교 내 기숙사에서 공동생활을 해야 하는 학생들은 동료학생들과 함께 생활하면서 친환경적 생활방법을 실험하거나 실천한다. 프로그램에 참가하는 학생들은 대부분 환경에 관심이 많은 학생들로 자신의 모교에서 이미 각종 친환경생활을 실천한 경험이 많아 학기 중 여러 가지 작은 프로젝트들을 제안하고 실천한다. 예를 들면 분리수거를 통한 재활용, 물 사용을 줄이기 위한 샤워시간을 단축, 세탁이나 식기세척에 자연 분해 세제 사용, 음식물 쓰레기로 퇴비 만들기 같은 것 등 이다. 학생들은 또 학교 측에 친환경적 음식재료를 써서 식단을 짜도록 요구하기도 한다. 이처럼 학생들은 프로그램 기간 중 자신이 사는 공간을 실험장으로 삼아 친환경적 생활방식의 실천을 실험해 본다. 강의나 실습과 같은 정규 학습활동 외 자유시간에도 스스로 산책이나 하이킹을 통해 자연과 교감하거나, 마을 주민들과 스포츠 경기 등을 통해 문화체험을 하기도 한다. 코스타리카나 멕시코 센터의 경우 스페인어로 의사소통을 할 수 있는 학생들은 지역주민과 지역의 환경문제를 논하면서 지역주민들이 해당 환경문제에 대해 갖고 있는 생각이나 입장을 이해 할 수 있는 기회로 삼는다.

자. 사례연구 결론

전통적 교육이 닫힌 공간에서 교과서나 교사의 주도하에 이루어지는 반면 연구대상 8개의 사례 프로그램은 전통적 교육방법이나 교육환경을 탈피해 열린 공간에서 자연을 대상으로 학생들의 적극적인 참여하에 이루어지는 파격적 교육 프로그램을 운영하고 있었다. 이들 프로그램의 가장 큰 특징과 공통점은 다음과 같이 요약할 수 있다.

(1) 현장 중심

닫힌 공간에서 이루어지는 학습 활동은 교사 주도하에 교과서 등 특정 교재를 이용하기 때문에 학생들의 눈과 귀만을 이용하는 2차원 적인 교육이라고 할 수 있다. 그러나 열린 공간에서 실시하는 교육은 학생들의 모든 감각기관을 활용해 사물을 이해 할 수 있는 기회를 제공한다. 현장 강의나 실습은 학생들의 주의를 집중시키고 흥미를 유발시키기 때문에 학습효과가 높다. 현장 중심의 학습 방법은 책, 사진, TV, 인터넷 등을 통한 간접 경험과는 달리 있는 그대로의 모습을 체험 할 수 있다. 따라서 사물을 미화, 과장 또는 왜곡 없이 정확히 이해 할 수 있는 방법이기도 하다. 현장은 생태계를 의미하기도 하지만 환경문제가 존재하는 지역사회도 포함한다. 지역사회에서 살면서 주민들과 접촉을 통해 환경문제를 이해하는 것도 환경문제를 왜곡 없이 이해할 수 있는 방법 중의 하나이다. 따라서 SFS 각 센터와 몬테베르데 인스티튜트에서는 생태계 현장, 환경문제를 안고 있는 지역사회 현장, 교육과 학습활동이 일어나는 현장이 모두 한곳에 있어 교육과 현실을 하나로 만들고 있다.

(2) 교육, 연구, 지역사회의 연관성

대학생 이상을 대상으로 한 프로그램은 연구 활동과 교육을 병행시켜 학생들이 배우고 있는 내용과 현실의 문제와의 관련성을 강조한다. 즉 현실에서 실제로 일어나고 있는 환경문제를 해결하거나 개선하기 위해 연구계획을 세우고 교육은 그 연구를 수행하기 위한 방편으로 삼는다. 즉 연구 수행을 위한 배경지식이나 연구를 위한 현장조사 기법을 강의나 현장

실습을 통해 익힌다. 이처럼 연구, 교육, 현장 실습이 서로 유기적으로 연관되도록 해 학생들이 배운 것을 당장 지역사회의 환경문제를 위한 연구에 활용할 수 있도록 한다. 이처럼 여러 가지 학습활동이 서로 유기적으로 연관된 가운데서 이루어지는 교육은 좀더 의미 있고 실용적인 교육이 될 수 있다.

(3) 지역사회 변화 주도

SFS 센터와 몬테베르데 인스티튜트의 프로그램은 궁극적으로 지역사회의 변화를 유도하는 것을 목표로 한다. 즉 현재 지역사회가 안고 있는 환경문제를 해결하거나 지역사회의 환경을 좀더 친환경적으로 개선하는 것을 목표로 한다. 지역사회는 환경문제가 일어나고 있는 현장이다. 따라서 지역사회를 제외한 환경문제 해결은 있을 수 없다. 지역사회를 떠난 환경교육도 의미 있는 교육이 되지 못한다. 지역사회는 현지의 자연환경과 가장 밀접한 관계를 맺고 있는 사회조직이다. 지역사회는 환경문제의 원인제공자 일수도 있고 그에 따른 피해자이기도 하다. 따라서 지역사회는 환경문제 해결의 열쇠를 쥐고 있다. 변화를 이끄는 힘 또한 지역사회 주민들 자신으로부터 나온다. 대부분의 환경문제는 3개월의 교육 프로그램 기간 안에 해결되거나 개선되지는 않는다. 진정으로 의미 있는 변화는 수년에 걸쳐 점진적으로 일어난다. 따라서 지역사회의 변화는 학생들의 연구가 수년간 지속적으로 계속된 후에야 나타날 수 있다. 이 때문에 학생들은 연구 활동을 통해 지역사회 변화에 참여하고 있지만 그 변화를 프로그램 기간 내에 직접 느끼기는 어려운 실정이다. 그러나 교육과 연구 프로그램을 운영하는 학교가 지역사회의 일원으로 지역사회 내에 상주함으로써 장기적으로 지역사회의 변화를 이끄는 구심점 역할을 하면서 학생들은 각 학교가 이끄는 지역사회 변화를 위한 긴 여정의 일부에 참여하게 된다. 지역사회 변화를 이끄는 것은 배운 것을 현실세계에 직접 실천하는 과정이기 때문에 매우 의미 있고 가치 있는 활동이 된다.

(4) 문제 해결 중심

SFS나 몬테베르데 연구소의 교육프로그램의 특징 중 하나는 학교가 위치한 곳의 현실적인 문제를 다룬다는 점이다. 따라서 일반 대학에서처럼 개론에서 각론으로 이어지는 세분화된 내용을 다루기보다 지역사회가 안고 있는 현실적인 문제 해결이라는 뚜렷한 목표를 갖고 이를 달성하기 위한 수단으로서 교육이 이루어진다. 즉 교육 커리큘럼의 설계가 특정분야의 세분화된 전문교육을 목표로 하는 것이 아니라 문제해결을 목표로 이를 위한 수단으로서 필요한 지식과 기술을 가르치는 것이다. 따라서 교육이 현재 지역사회에서 일어나고 있는 현실적인 문제를 다루는 생생한 교육이 될 수 있다.

(5) 지구촌화 시대의 적응능력 배양

매학기 SFS 각 센터의 프로그램에 참가하는 학생들은 미국의 주요대학의 학생들이다. 이들이 자신의 모교를 떠나 한 학기 동안 자연 환경적으로 문화적으로 이질적인 곳에서 공부하는 이유는 뭘까? SFS 프로그램에 참여하는 학생들은 자신의 장래를 준비하기 위해서라고 말한다. 이같은 학생들의 이야기는 학생들은 지구촌 시대에서 대학 졸업 후 직장을 얻어 일하게 될 곳은 문화적으로 자연 환경적으로 자신이 자란 환경과는 크게 다를 것이라는 것을 전제로 한다. 이 때문에 자신에게 필요한 것은 전공과목은 물론 이질적 자연환경과 문화 속에서 잘 적응해 살 수 있는 능력이란 것이다. 따라서 사회에 진출하기 전 문화적 자연적 환경이 다른 곳에서 생활해 보고 체험하는 것은 학생들이 졸업 후 맞이하게 될 새로운 환경에 적응하기 위한 준비과정이 된다.

차. SFS 현장 학습 활동 장면 사진

사진 1. 코스타리카 센터 열대우림 조사, 국립공원내 현장강의, 곤충 채집 실습 장면

사진 2. 캐나다 센터 연어치어 포획, 온대우림 조사, 희귀한 연어 육안 관찰 실습 장면

사진 3. 멕시코 센터 바다거북 포획, 맹그로브 현장 강의, 맹그로브 체험 카약타기 실습

사진 4. 캐나다 센터 원주민 문화 체험 (카누 시승)

사진 5. 캐나다 센터 원주민 유적지 잡목 제거 봉사활동

사진 6. 캐나다 센터 텃밭 가꾸기

사진 7. 코스타리카 센터 지역사회 활동 (환경축제)

사진 8. 코스타리카 센터 니카라과, 몬테베르데 필드트립, 캐나다 센터 노거수 탐방 필드 트립

4. 숲으로 간 학교 프로그램

①

②

③

사진 설명: ① 코스타리카 온대우림 착생식물들이 나무위에 숲을 이루고 있는 모습 ② 풀산딸나무 꽃, ③ 이른 봄 땅위로 솟은 쇠뜨기

가. School For Field Studies 프로그램

(1) SFS 개요

(가) SFS 연혁

School For Field Studies (SFS)는 세계적으로 가장 오랜 역사를 가진 현장중심의 비영리 국제적 환경교육기관으로 환경문제가 세계적인 관심사로 떠오르던 1980년 개교된 이래 지난 25 여 년 동안 많은 변화를 겪으면서 점진적으로 프로그램을 확충하여 현재 세계 5곳에 센터를 설치해 운영하고 있다. 지역사회의 환경문제 해결을 위해 교육과 연구를 병행 하고 있다. SFS는 1980년 선견지명을 가진 몇몇 교육자들이 여름방학을 이용한 현장 중심의 단기 프로그램을 시작하면서 탄생되었다. 당시 멸종 위기에 처해 있던 케냐의 코뿔소 생태학, 케이만 아일랜드의 해양생태학, 아마존의 열대우림 생태학, 희귀한 알프스 고원의 식물학, 칠레와 그리스의 멸종위기에 처한 식물연구, 알래스카의 북극지역 생태학 등을 대상으로 교육과 연구를 시작했다. 1980년대 후반부터는 환경문제 해결을 위한 세계적 화두로 떠오른 자연환경의 지속가능한 이용을 교육의 주제로 삼고 생태학과 생물학 중심의 프로그램에서 탈피해 좀더 지역사회 중심의 현실적인 환경문제 해결을 목표로 하는 프로그램으로 대폭 개편하였다. 또한 미국 보스톤에 위치한 학교 본부를 중심으로 운영하던 프로그램을 중단하고, 환경교육과 연구를 위한 사회 경제 자연적 환경이 특출한 세계 5곳에 센터를 세우고 센터 중심의 환경교육과 연구를 수행하고 있다. 현재 센터가 설치된 곳은 케냐, 호주, 코스타리카, 멕시코, 턱스앤 케이코스의 5곳으로 야생동물관리, 열대림보전, 자연보호지구 관리 및 유기농업, 고래, 바다거북, 맹그로브 등 연안자원 보전, 해양자원관리 등 각 센터가 위치한 지역사회의 당면한 환경문제를 다루고 있다. 지역사회의 환경적 변화에 따라 몇몇 센터가 폐쇄되기도 했다. 1995년 동남아 팔라우에 설치한 센터는 본부와의 통신에 커다란 어려움을 겪은 후 문을 닫았고, 1995년부터 2003년 여름까지 운영하던 캐나다 브리티시컬럼비아 센터도 프로그램의 초점으로 삼았던 온대우림 보전과 관련한 환경 분쟁이 진정되면서 센터의 교육적 효과나 가치가 설립 직후에 비해 크게 떨어져 폐쇄하였다. SFS는 고정된 프로그램을 운영하는 교육기관이 아니라 환경적 변화에 따라 끊임없이 변화를 거듭하는 유동적 프로그램을 운영한다. 1993년 특정과목 중심의 프로그램에서 사례중심의 프로그램으로 전환이 좋은 예이다. 현지의 자연환경과 관련한 특정 생태학이나 생물학 중심의 프로그램에서 좀더 종합적이고 지역사회 중심적이며 지역사회가 직면하고 있는 실질적인 환경문제 해결에 초점을 맞추어 프로그램을 전반적으로 개편하였다. 프로그램 개편 이후 지역사회와 관련된 내용의 비중이 크게 높아졌다.

(나) SFS 사명

현장중심의 국제적 환경교육과 연구프로그램을 운영하는 SFS의 교육이 지향하는 목표는 크게 두 가지로 요약할 수 있다.

첫째, 학생들에게 독특하고 도전적인 인생 경험을 제공해 향후 이들이 자신이 선택한 분야에서 능력 있는 전문인으로 뿐만 아니라 책임감과 건전한 의식을 지닌 지구촌 시민으로 성장을 돕기 위함이다.

둘째, 지역사회의 이익단체들과 협력 하에 지역사회가 경제적 문화적으로 의존하고 있는 자연자원의 지속가능한 이용을 위한 모델을 개발하는데 있다.

SFS의 목적은 센터가 위치해 있는 나라나 지역의 천연자원보전이나 관리를 위한 정책을 개발하고 집행하는데 있지 않고 장기 연구계획에 따라 연구를 수행하고, 연구를 통해 얻은 정보와 지식을 이용해 지역사회의 지속가능한 천연자원 및 자연환경의 이용에 따르는 의사결정에 기여하는데 있다.

(다) SFS 교육 철학: 지역 환경문제로부터 교육 및 연구 프로그램 도출

SFS에서는 위와 같은 사명을 위해 다음과 같은 철학을 갖고 교육을 실천하고 있다. 학문중심이 아니라 환경문제 중심, 특정분야의 이론의 이해나 지식 습득 보다는 현실적 응용과 문제해결 능력배양을 목표로 한다. SFS의 교육 프로그램은 행위 중심, 체험 중심, 실천 중심, 봉사정신과 윤리적 의사결정 및 행동을 지향 한다. 이와 같은 교육 철학 때문에 SFS의 교육은 독특한 방식으로 이루어진다. 갇힌 공간에서 강사에 의해 주도되는 교육이 아니라 숲, 강, 갯벌, 바다 등 자연환경을 교실로 삼고 학생들이 직접 참여하는 실습과 체험을 통해 교육이 이루어진다. 즉 강사에 의한 주입식 교육 보다 학생 자신이 손과 발을 움직여 체험하고 스스로 느끼고 깨달을 수 있도록 유도한다. 학생들은 생태계의 구조, 성분, 기능을 현장에서 직접 관찰과 실습을 통해 체험적으로 배운다. 그러나 SFS의 교육대상이 되는 현장은 특정 자연 생태계에 국한되지 않고 인간사회까지 포함하는 광의의 생태계를 현장으로 간주한다. 따라서 체험 대상도 단순히 숲, 해양, 하천과 같은 자연생태계의 기능과 역할에 국한하지 않고 지역사회의 환경문제를 직접 체험토록 한다. 다양한 이해집단들과의 공식 비공식적 접촉을 통해 여러 측면에서 환경문제를 이해할 수 있도록 한다. 연구 활동 역시 경제적 또는 문화적으로 현지의 자연자원에 의존해 있는 지역사회가 직면한 환경문제의 해결을 목표로 하며 지역사회의 각종 이익단체들과 파트너쉽을 형성해 이들을 통해 환경문제를 좀더 깊이 이해하고 해결하는데 도움을 얻는다.

(라) 프로그램 설계 원칙

각 센터는 지역사회의 당면한 환경문제를 교육과 연구를 위한 기회로 최대한 활용할 수 있도록 프로그램을 개발한다. 따라서 프로그램 개발은 단순히 희귀한 생태계를 오감을 통해 체험하는 것 외에도 사회적 측면에서 현지의 환경문제와 그 심각성을 체험하는 것을 목표로 한다. 따라서 학생들은 프로그램 기간 중 환경문제를 몸소 체험하고 이의 해결과정에 직접 참여하게 된다. 프로그램은 다음과 같은 설계원칙을 바탕으로 개발된다.

1) 사례 연구 (case study) 중심의 접근 방법

각 센터의 프로그램 개발은 일단 지역사회가 당면한 환경문제를 사례로 설정하는 것으로부터 시작된다. 현지의 환경문제를 사례로 설정하는 것은 환경문제의 본질과 속성을 좀더 잘 이해하고 적절한 해결 방법을 찾는데 도움을 얻기 위함이다. 사례를 바탕으로 이를 해결하기 위해 필요한 장기 연구 과제 및 계획을 수립한다. 학습프로그램은 이같은 장기 연구계획에 따라 매학기 필요한 연구 활동을 뒤받침 하는 수단으로 개발 한다. 사례 중심의 접근 방법은 당면한 환경문제를 특정 분야의 관점에서 제한적으로 이해하는 것이 아니라 생태, 경제, 사회 문화, 자원관리 등 종합적인 관점에서 관찰 하는 기회를 제공한다. 사례 연구 대상 환경문제가 파악되면 이의 해결을 위해 사례를 실천가능하며 구체적인 일련의 질문형식으로 표현한다. 이같은 문제 개발은 해결하려는 환경문제에 대한 이해와 해결을 위해 필요한 실천적 목표를 설정하는데 도움이 된다. SFS 멕시코 센터가 질문형식으로 도출한 첫 번째 사례연구대상 문제를 살펴보면 다음과 같다. "막달레나 만의 쇠고래와 바다거북을 보호하기 위해 필요한 생태적, 사회 경제적 정보는 무엇인가?" 또는 "지난 수십년동안 멕시코 연안에서 쇠고래 보전 성공으로부터 얻은 교훈은 무엇인가?" "막달레나 만의 해양 생태계가 지속가능하고 건전하게 유지되기 위해선 어떤 조치가 취해져야 하나?" 교육기간 중의 모든 학습활동 전 후에 이같은 사례 질문들을 학생들에게 상기시켜 학생들이 현재 하고 있는 학습활동과 사례문제와의 연관성을 이해 할 수 있도록 한다.

2) 사례 중심의 프로그램 개발 절차

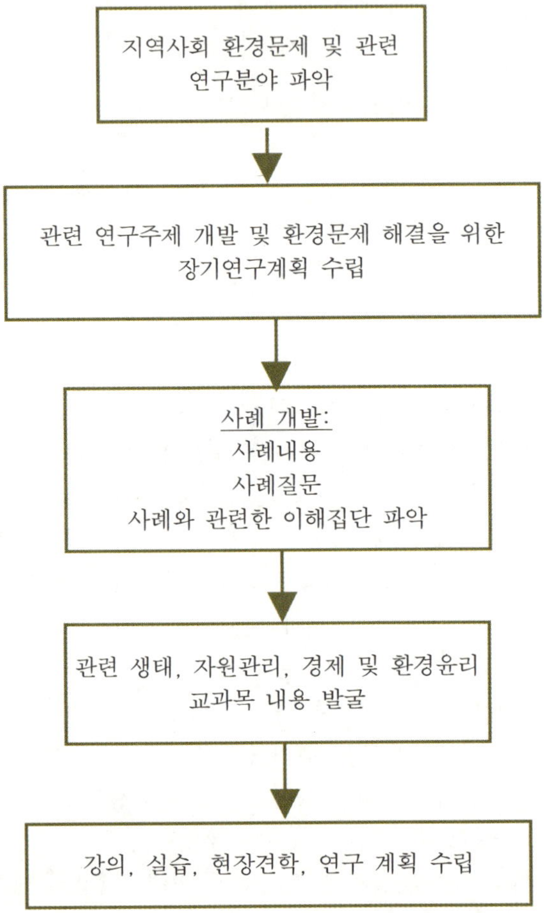

그림 4.1. SFS의 프로그램 개발과정, 지역사회의 환경문제로부터 사례를 개발하고 그것을 연구와 교육 프로그램으로 발전시킨다.

3) 이해집단 파악 및 협력관계 구축

사례가 결정되면, 사례연구 대상이 되는 환경문제와 관련된 이해집단들을 파악한다. 여기에는 기업대표, 현지 주민, 환경단체, 정부 관계자 등 환경문제로 인해 피해를 입고 있거나 환경문제의 원인이 되고 있는 집단들을 포함한다. 또한 당면한 환경문제의 개선이나 해결을 통해 직접적인 혜택을 입는 연구결과의 수혜자 집단도 포함한다. 이들은 갈등관계나 대립적인 입장에 있는 집단이지만 각자의 입장은 환경문제 해결을 위해 충분히 수렴되어야 한다. 따라서 환경문제 해결을 위해 이들과 파트너 쉽 관계를 구축하는 것이 필요하다. 연구자 입장에서 연구조사 활동을 위해 필요한 정보 자료나 연구대상지 접근을 확보하는데 이해집단의 도움은 필수적이다. 연구결과는 이해집단과 공유함으로써 서로 도움을 주고받을 수 있는 관계를 구축한다. SFS는 각 이해 집단들에게 프로그램 과정 중 강의, 실습, 연구에 부분적으로 참여해 각자의 입장을 학생들에게 전달 할 수 있는 기회를 제공한다. 이해집단에는 연구의 필요성을 제기한 집단, 연구결과를 적극적으로 활용할 수 있는 집단, 정부관계자, 지역 및 외부 연구팀 등이 포함된다.

4) 학습목표 설정

사례연구 대상이 될 문제가 결정되면 사례연구를 통해 달성하고자 하는 학습목표를 설정한다. 학습목표에는 다루고자 하는 환경문제 해결을 위해 필요한 특정분야의 지식과 정보, 기술, 연구조사 방법 등이 포함된다.

5) 핵심 교과목 (courses)

세계 5개 센터에서 운영되고 있는 SFS 프로그램은 서로 전혀 다른 환경문제를 다루고 있지만 접근 방법은 다음과 같이 이미 정해진 4가지 핵심 교과목의 틀 안에서 이루어진다. 이네가지 핵심과목은 모든 환경문제가 공통적으로 지니는 제 측면을 반영한 것이다.

- 생태학 (ecology)
- 자원관리학 (resource management)
- 경제 및 환경윤리 (economic and ethical issues in sustainable development)
- 논문 연구 (directed research)

핵심과목의 틀은 이미 정해졌지만 그 내용은 각 센터가 위치한 지역사회가 안고 있는 환경문제의 특성에 맞게 세분화 또는 특성화 된다. 예를 들어 같은 생태학 과목이지만 케냐 센터의 생태학은 사자나 기린을 중심으로 한 야생동물 생태학이며, 멕시코 센터의 생태학은 현지 환경과 관련된 바다거북, 쇠고래, 맹그로브 숲 생태가 주 내용이 된다. 또 호주 센터에서 가르치는 생태학은 열대우림 생태학이 주 내용이며 코스타리카에서 가르치는 생태학은 지역적 특성을 살려 열대 운무림 (雲霧林, cloud forest) 생태학, 농업생태학 등으로 특성화된 생태학을 가르친다. 자연자원관리 과목도 마찬가지로 해당지역의 특성에 맞추어 세분화 된 내용을 가르친다. 코스타리카 센터의 자원관리학의 주 내용은 바나나, 커피 등 해당지역에서 생산되고 있는 식량자원과 현지의 열대림이 지니는 목재자원 및 생태관광자원이 그 내용이 되며, 멕시코 센터의 자원관리학 과목은 해양수산자원을 주 내용으로 한다. 따라서 각 핵심과목은 현지의 실정에 맞추어 세분되고 특성화 된 내용으로 구성하되 특히 사례연구 대상으로 삼은 환경문제를 해결 하는데 필요한 내용에 초점을 맞춘다. 따라서 멕시코 센터가 사례로 선정한 바다거북 보전 문제를 다루기 위해 생태학 과목에서는 센터가 위치한 막달레나 만에서 발견되는 바다거북의 종, 이들의 생활사, 식습성, 서식환경, 사망원인, 천적 등을 실습을 통해 가르치고 자연자원 관리학 과목에서는 서식환경에 위협적 요소, 어선의 그물에 걸리는 문제를 해결하기 위해 어망에 대피구를 설치하는 기술적 문제, 바다거북 자원 보호 방법, 법제도 등 바다거북 보전 정책 및 관리방법, 개체수

변화의 역사적 추이 등을 다루고 경제 및 환경윤리 과목에선 바다거북을 식용으로 이용해온 현지의 전통과 바다거북 보전과 관련한 문제, 바다거북을 경제적으로 활용한 역사, 식용이나 의약품 원료, 장식용 이외의 용도로 쓸 수 있는 방안 등에 대해 집중 연구한다. 연구조사 과목은 바다거북 포획방법과 포획 후 신체부위별 계측방법을 포함한 연구조사 방법 등을 다룬다. 각 과목이 다룰 내용은 단지 바다거북에 관한 문제 외에도 쇠고래, 맹그로브 숲, 다른 어족자원에 대한 문제들도 함께 다룬다. 그야말로 모든 과목이 해당 환경문제를 이해하고 해결하기 위한 수단으로 가르쳐진다.

6) 논문 연구 (directed research)

위의 3개 핵심과목 외에 현지의 환경문제를 연구조사 해 논문을 작성하는 과목이 있다. 위의 3가지 과목은 현지의 환경문제를 다각도로 이해하는데 필요한 과목들 이라면 논문 연구 과목은 세 가지 핵심과목이 다루지 못하는 부분을 보충하거나 세가지 핵심과목에서 소개된 이론을 실제 현장에 응용해 환경문제를 좀더 적극적이고 현실적으로 해결하려는 시도라고 할 수 있다. 연구 조사 방법은 연구결과의 질을 보장하기 위해 학생 스스로 연구를 수행하도록 하기보다 연구경험이 풍부한 지도교수의 감독과 지휘 하에 이루어진다. 연구조사는 각 센터가 수립한 장기연구 계획에 따라 매 학기 정해진 연구를 수행하거나 전 학기에 이어 같은 지역을 반복 조사 연구해서 장기적인 데이터베이스를 구축하기도 한다. 이 과목은 학기 전체에 걸쳐 서서히 진행되기도 하고 핵심과목에 대한 강좌나 실습을 미리 끝내고 학기말에 특별히 1-2주의 연구기간을 별도로 지정해 집중적으로 수행하기도 한다. 연구조사는 지역사회의 환경문제 해결을 위해 가장 커다란 영향을 미치는 부분으로 지역사회는 물론 학생들 개인을 위해서도 매우 의미있는 과목이 된다. 지역사회로서는 시간과 비용이 많이 드는 연구조사를 통해 얻은 새로운 정보나 지식으로 당면한 환경문제 해결에 직접적인 도움을 받을 수 있으며, 학생들의 입장에서는 장차 환경문제 해결 능력 배양을 위한 귀중한 경험을 얻을 수 있다. 연구결과는 매학기 말 연구를 수행한 학생들이 지역사회의 주민과 관계자들 앞에서 발표하도록 한다. 학생들은 자신의 연구결과를 가장 궁금해 하고 관심을 갖는 지역사회를 대상으로 발표함으로써 당면한 환경문제 해결에 참여하는 경험을 하게 된다.

(마) 지역사회 활동

지역사회의 환경문제 해결을 목표로 하는 SFS의 각 센터에서 성공적인 교육과 연구가 이루어지기 위해선 지역사회와의 긴밀한 유대관계가 필수적이다. 지역사회가 안고 있는 환경문제는 그 지역사회 주민들이 가장 잘 알고 있을 뿐만 아니라 가장 많은 관심을 갖고 있는 사람들도 바로 이들이다. 이들의 이해는 환경문제와 직결된다. 공식적으로 연구조사를 수행하고 그 결과를 발표를 하지만 연구조사와는 별도의 활동을 통해 지역사회와 유대관계를 맺는 것도 필요하다. 자원봉사를 통해 지역사회가 진행하는 각종 사업에 참여하는 것이다. 지역사회에서 개최되는 각종 행사준비에 노력봉사를 하거나, 지역사회의 청소년들을 위한 환경교육, 지역사회의 환경개선을 위한 각종 사업에 노력봉사 제공 같은 것이 이에 포함된다. 멕시코 센터에서는 센터가 위치해 있는 도시의 초등학교 어린이들을 대상으로 환경교육과 영어교육을 실시하고 있으며, 코스타리카센터에서는 상수원 관리를 위해 보호하고 있는 수원지 인근 산림에 대한 가지치기 및 간벌작업에 참여하고 있다. 브리티시컬럼비아 주에서는 원주민 유적지 인근의 탐방로 건설이나 센터가 위치한 마을 내에 자연 발효식 화장실 건설에 참여가 그 같은 예이다. 이같은 봉사활동은 지역사회로부터 신뢰를 쌓아 센타의 교육 및 연구 활동에 대해 지역사회로 부터 적극적인 협조를 받을 수 있는 우호적 관계를 구축하는데 커다란 도움이 된다.

(바) 학기

초창기 여름방학기간에만 운영하던 프로그램을 현재는 봄가을 정규학기제로 확대해 운영하고 있다. 프로그램에 참가하는 학생층은 미국 대학에 재학 중인 2-3학년 학생들이 대부분이나 각 센터의 프로그램은 외국학생, 졸업생, 대학원생들에게도 문호를 개방하고 있다. 각 센터는 봄과 가을 3개월 기간의 정규 학기를 운영하고 여름에는 한 달 동안 단기학기를 운영한다. 3개월 정규학기는 3개의 핵심과목과 1개의 논문 연구 과목 등 4개 과목 (각 3학점)으로 이수하면 총 12학점을 취득하게 된다. 여름학기는 보통 1개월과정으로 1과목 3학점제로 운영된다. 여름학기 교육내용은 정규프로그램 내용을 1개월에 압축시킨 형태로 진행한다.

(사) 학점인정

SFS 각 센터가 운영하는 프로그램은 모두 미국 Boston University의 개설과목으로 등록되어 있으며 프로그램의 성공적인 수료 후에는 이 대학의 학점이 수여된다. 또한 SFS와 직접 학점교류 협정을 맺은 대학 출신의 학생들에게는 SFS에서 이수한 학점은 자신의 모교 학점으로 자동 인정된다.

(아) 안전관리

SFS의 학습활동이 숲, 하천, 개펄, 바다 등 야외 현장에서 이루어지기 때문에 현장으로 이동하거나 실습 중 부상이나 야생동물과의 접촉과 같은 위험이 항상 뒤따른다. 이 때문에 학교본부에 안전담당 책임자를 두고 모든 센터의 안전관리와 안전교육의 책임을 맡고 있다. 각 센터에선 학기 중 안전하게 프로그램이 진행될 수 있도록 학생주임이 안전관리를 전담한다. 또한 모든 교직원은 현장실습이나 필드 트립 전에 안전관리 계획을 세워 안전사고를 미연에 방지하고 안전하게 교육이 이루어지도록 하고 있다.

(자) 특별 프로그램

각 센터는 SFS 자체 프로그램 외에도 학기가 운영되지 않는 기간 동안 각종 단기 프로그램을 실시한다. 이 단기 프로그램은 수요자의 요구에 따라 주문형 교육프로그램이다. 예로 호주 센터에서는 일본 요코하마 소재 무사시 대학 환경정보학과와 공동으로 2주간의 단기 교육 연구 프로그램을 개발해서 5년째 운영하고 있다. 캐나다 센터에서도 한국대학생들을 위한 특별 프로그램을 운영한 적이 있고, 매년 여름마다 온타리오 주의 고등학생들을 위한 특별 프로그램을 운영하기도 했으며, 미국과 캐나다의 여러 대학들과 1-2주의 단기 체험 교육프로그램을 운영한바 있다.

나. 사례 1: SFS 캐나다 센타 - 온대우림 및 수산자원 보전 프로그램

SFS 캐나다 센터 (1995-2003)

(1) SFS 캐나다 센터

캐나다 센터 프로그램은 1995년부터 2003년까지 8년 동안 밴쿠버 아일랜드 서해안의 작은 마을 뱀필드에서 운영되었던 프로그램이다. 1995년 설립 목적이 당시 이 지역에서 발생한 대규모 환경 분쟁을 사례로 삼아 교육의 기회로 활용하기 위함이었다. 학교가 설립된 이후 분쟁에 연루되었던 주정부, 벌목기업, 환경단체 등이 커다란 변화를 시도하고 정부나 기업이 앞장서서 친환경적인 벌채방식을 도입하면서 진정국면에 접어들었다. 이와 함께 교육 및 연구 대상으로 삼아왔던 사례의 교육적 가치도 학교 설립 당시에 비해 크게 퇴색하고 등록학생수도 크게 감소해 2003년 여름 폐교되었다. 본 센터는 필자가 1999년부터 폐교될 때까지 근무해온 센터로 SFS 프로그램을 직접 설계하고 운영했던 센터로 프로그램 내용을 가장 잘 알고 있는 센터이기도 하다. 비록 폐교되어 현재는 운영되고 있지 않지만 이 센터에서 운영하던 프로그램 내용은 본 보고서의 목적에 충분한 가치를 지닌다고 판단되어 이곳에 소개하고자 한다.

(가) 지리적 배경

센터가 위치한 곳은 캐나다 서해안의 밴쿠버 아일랜드이다. 밴쿠버 아일랜드는 캐나다 서부지역에서 가장 큰 도시인 밴쿠버와 60 킬로미터의 조지아 스트레이트 해협을 가운데 두고 마주보고 있는 섬이다. 섬은 남북으로 500킬로가 넘고 동서로도 200킬로에 이를 정도로 큰 섬이다. 면적상으로는 남한의 3분의 1정도 크기에 해당한다. 섬의 남쪽은 브리티시컬럼비아 주 수도인 빅토리아가 있고 동쪽 해안에는 일찍부터 건설된 철로와 고속도로를 따라 많은 도시가 형성되어 있다. 도시화와 산업화 된 섬의 동해안에 비해 서해안은 협만, 피오르드, 암초 때문에 인간의 접근이나 정착이 어려워 그동안 산업화나 도시화되지 못한 오지로 남아있다. 서해안을 따라 여러 마을들이 있지만 모두 인구 1000명 내외의 작은 마을이고 대부분 과거 원주민 마을이었다가 산업화 과정에서 어촌으로 변하기도 했다. 그러나 이처럼 접근하기 어려운 지리적 환경 때문에 이지역의 자연환경은 오히려 그동안 개발의 손길이 미치지 않아 천연상태로 보존될 수 있었다. 캐나다 서해안은 특히 세계적으로 희귀한 온대우림이 분포하는 지역인데 그중에서도 밴쿠버 섬 서해안은 브리티시컬럼비아에서 온대우림 생태계가 대면적의 원형 상태로 아직까지 잘 보존되어 있는 지역 중의 하나다.

(나) 경제적 배경

브리티시컬럼비아 주 경제의 견인차 역할을 해온 것은 풍부한 산림자원을 바탕으로 한 임업과 목재가공이나 제지 관련 산업이다. 주 경제 GDP의 12% 내외가 임업에서 창출되고 있다. 또한 관광이나 교육과 같은 서비스 산업을 제외하고 구체적인 물건을 생산하는 1,2차 산업 만을 놓고 따지면 임업이 차지하는 비중은 25%가량으로 매우 높다. 임업과 직간접적으로 관련된 업종에 종사하는 사람의 수도 27만명이나 되며 총 고용인구 중 14%를 차지한다. 이처럼 높은 임업 비중은 선진국에서 그 유례를 찾아보기 힘든 매우 희귀한 경우이다. 주경제의 중추적 역할을 하는 산업이 산림자원과 같은 천연자원의 벌채를 통해 이루어지다 보니 사회적으로 환경의식이 비교적 높은 캐나다에서 많은 환경 문제를 야기 시키는 결과를 초래하게 되었다.

(다) 지역 환경문제

밴쿠버 아일랜드를 중심으로 한 대표적 지역 환경 문제는 온대우림 파괴와 관련된 것이라고 해도 과언이 아니다. 세계적으로 희귀한 온대우림 생태계가 파괴되는 문제와 이에 크게 의존해 있는 목재 산업 및 주경제의 이해가 첨예하게 대립되면서 일어났다. 온대우림의 지속적인 벌채로 목재자원이 고갈되고 자원 고갈은 목재자원에 의존해 있는 각종 목재가공 공장들의 폐쇄로 이어져, 공장에 의존해 있는 도시 경제가 와해되고 실업이 속출하면서 사회적으로도 커다란 파장을 일으켰다. 현재 주정부가 민간기업에게 장기 임대를 통해 벌목이 진행되고 있는 대부분의 국유림지역은 원주민들의 전통영토로 원주민 측의 토지반환 청구 소송이 진행 중에 있다. 토지 소유권 분쟁이 있는 지역에서 계속적인 벌채가 이루어지고 있어 원주민들과도 마찰을 빚어오고 있다.

1) 생태계파괴 문제

온대우림은 세계에서 나무들의 키와 굵기가 가장 크고 수령이 오래된 나무들이 자라는 독특한 생태계를 이룬다. 열대림에 비해 훨씬 높은 바이오메스 (biomass)를 지니며 열대우림을 제외한 다른 숲에 비해 높은 생물다양성을 지닌다. 이숲 에는 50여종의 고사리과 식물, 600여종의 이끼, 일천 여 종이 넘는 지의류 식물들이 살고 있으며, 쿠거, 늑대, 흑곰,

사슴 등 많은 야생동물들과 흰머리 독수리, 올빼미, 마블드 뮬렛 등 희귀한 조류들도 살고 있다. 온대우림 원시림이 대규모 산업적 벌채에 의해 파괴되고 새로 조성되는 어린 숲으로 대체되면서 원시림 구조가 만들었던 독특한 서식공간들이 파괴되면서 많은 동식물들이 해당지역에서 사라지는 결과를 초래하게 되었다. 해안을 끼고 있는 지역에 분포하는 온대우림 생태계는 단순한 산림생태계라기 보다 강을 통해 바다와 연결된 생태계라고 할 수 있다. 특히 연어는 대량으로 회귀하면서 강을 통해 바다로 유입된 양분을 바다로부터 숲으로 옮기는 역할을 한다. 온대우림은 회귀하는 연어 때문에 다른 숲과 달리 해양생태계와 영향을 서로 주고받는 관계에 있다. 산업적 산림벌채는 연어산란 하천을 파괴하는 결과를 낳아 바다에서 연어자원이 고갈되는 결과를 초래하였다.

2) 자원고갈과 지역경제문제

이차대전 이후 브리티시컬럼비아 주 경제는 급속히 신장하기 시작했다. 인구가 적은 주내 또는 국내 시장에 공급하기보다 미국, 유럽, 일본 등 세계시장에 수출하면서 산업 발전이 이루어졌다. 세계시장의 급속한 성장 함께 브리티시컬럼비아 주의 목재산업도 빠른 속도로 팽창해나갔다. 1960년대와 1970년대 아직도 방대한 면적의 원시림이 남아있었던 때는 커다란 문제가 되지 않았다가 1980년대 들어서면서 자원고갈 현상이 심각하게 노출되기 시작했다. 목재공장 인근의 숲으로부터 쓸만한 목재가 고갈되면서 원료목의 운송거리도 점점 멀어지게 되었다. 양질의 원료를 인근지역에서 조달받지 못하면서 목재가공 기업들은 경쟁력이 약화되고 감원이나 공장이전 뿐만 아니라 일부 지역에선 공장이 폐쇄되는 사태까지 벌어졌다. 임업기업의 공장설립과 함께 생긴 브리티시컬럼비아 주의 많은 신흥도시들이 공장이 폐쇄되면서 유령의 도시로 변하는 현상이 일어나기도 했다. 비씨 주 경제는 전체적으로 편중된 산업구조와 불안정한 자원공급 문제로부터 벗어나지 못하고 있다. 산림벌채와 함께 연어자원도 급감해 어족자원에 의존해 있던 해안지방의 어촌경제도 커다란 타격을 입는 결과를 가져왔다.

3) 원주민 문제

브리티시컬럼비아 주에는 현재 200여개 부족의 18만여 명의 원주민(아메리카인디언)들이 살고 있다. 이들은 대체로 개발되지 않은 해안지방의 오지의 자신들의 전통영토 내에 거주하고 있다. 이들은 유럽인과 첫 접촉이 이루어지기 전인 200여년 전만해도 의식주를 전적으로 자연에 의존하는 생활방식을 유지해 왔다. 백인 정착자들에 의해 서구화 되는 과정에서 원주민들의 언어 및 전통문화들이 많이 파괴되었다. 원주민 전통문화의 파괴는 주변 지역의 산림자원의 고갈과 맞물려 일어나고 있다. 숲으로부터 건축, 의복, 식량, 의약품을 구해온 원주민 문화가 숲이 사라지면서 함께 소멸되어가고 있는 것은 당연한 이치였다. 따라서 원주민 주거지역에서 산림자원과 연어자원 보전 문제는 이들의 문화적 다양성 보전 문제와도 밀접한 관련을 갖고 있다. 수천 년 동안 일정 지역에 거주하면서 주위의 생태계와 조화를 이루며 살아온 원주민들의 자연관, 전통식물이용법 등은 오늘날 지속가능한 자원이용과 관련해 많은 시사점을 던져주고 있다. 원주민들과 관련된 또 다른 문제는 현재 연방정부와 주정부를 상대로 진행 중인 토지반환 청구 소송이다. 토지 소유권이 바뀔 경우 예상되는 많은 경제적 사회적 파장이 예상되고 있다.

(라) 밴쿠버 섬 서해안 지리 환경적 배경

사진 1. 밴쿠버섬 서해안 경관

사진 2. 온대우림 고목림 생태계

사진 3. 산업적 벌채가 이루어진 현장

사진 4. 벌목 운송 트럭

사진 5. 밴쿠버 아일랜드 서해안 마을 (뱀필드)

사진 6. 원주민 (아메리카 인디언)

사진 7. 벌목 반대 시위

(2) 사례 개발

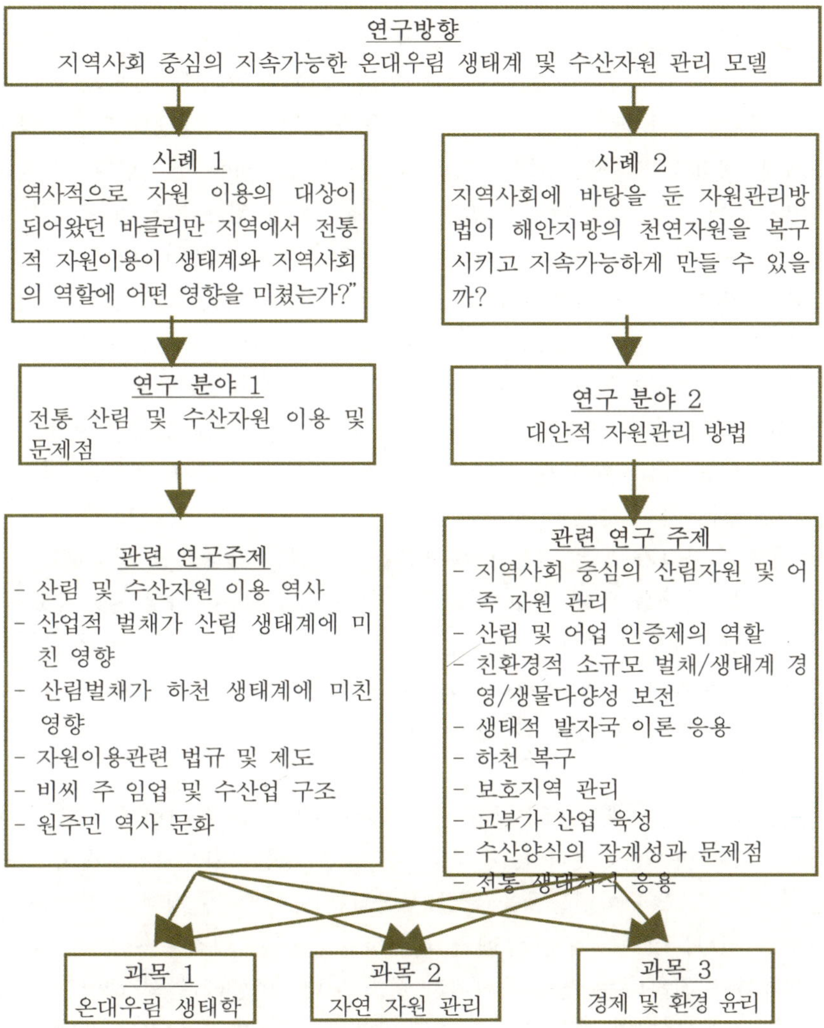

그림 4.2. 지역사회 환경문제로부터 사례연구 개발과 관련 연구 및 교육 프로그램 개발의 예

(3) 사례 연구 1: 전통 자원관리 방법

사례1의 목표는 학생들에게 바클리 만의 해안 생태계와 이 생태계의 의존해 왔던 지역사회를 소개하는데 있다. 사례를 연구하기 위해 온대우림과 태평양연어처럼 서로 밀접한 관련을 맺고 있는 육상생태계와 해양생태계에 초점을 맞추어 강의, 현장실습 및 연구조사를 실시한다. 천혜의 자연환경을 갖고 있는 바클리 만과 이를 둘러싸고 있는 지역은 이같은 문제들을 연구하고 학습하는데 이상적인 실험실 역할을 한다. 바클리 만 지역은 해안선을 따라 온대우림으로 덮여 있는 높은 산들이 위치한다. 이산에는 계곡과 산의 주름을 만들며 온대우림 숲을 지나 급속히 바다로 유입되는 크고 작은 개울과 하천들이 있다. 이 지역에서 온대우림을 대상으로 한 대규모 산업적 벌채작업은 연어산란과 치어 (稚魚) 성장에 결정적인 역할을 하는 강과 하천에 커다란 영향을 입혔다. 하천과 개울은 바다로 흘러들어가면서 영양분이 풍부한 갯벌과 하구생태계를 만들고 하구는 다시 경제적 가치가 높은 많은 어족자원을 부양하는 생태계를 형성한다. 이처럼 많은 하구를 옆에 끼고 있는 이 지역은 세계에서 가장 풍요롭고 다양한 해양생태계를 형성한다. 인간 역시 이 생태계에 오랫동안 의존해 온 만큼 이생태계가 뒷받침 하는 자원을 지속적으로 공급받기 위해 적절한 자원관리의 필요성은 아무리 강조해도 지나치지 않는다.

바클리 만은 세계적으로 얼마 남지 않은 온대우림 원시림이 아직도 대면적으로 남아 있는 곳이다. 온대우림은 높은 생물다양성과 이 숲이 만드는 독특한 구조와 야생동물을 위한 서식공간은 이 숲의 생태적 가치를 높여주고 있다. 이 숲 속으로 매년 회귀하는 연어는 아직도 육상 및 해양생태계가 건전하다는 것을 나타내는 증거 된다. 바클리 만의 해안으로 매년 회귀하는 연어가 연출하는 장면은 자연이 만든 최대의 장관 중의 하나이다. 인간뿐만 아니라 곰, 바다사자, 고래, 독수리 및 수백의 다른 생물종들이 연어의 회귀를 기다린다.

모천회귀성 연어는 온대우림 숲 속의 개울로 돌아와 산란한 다음 숲 속의 양분으로 환원되면서 모천 주위에 자라는 나무들에 추가적인 양분을 공급하는 역할을 한다.

연어의 회귀는 원주민 문화의 바탕이었으며 브리티시컬럼비아 주 경제에 중요한 기반이기도 했다. 그러나 비씨주의 연어자원은 현재 지속적으로 감소하고 있는 추세이다. 주요한 원인으로는 연어의 서식 공간 파괴, 과도한 어획, 유전자 변형, 기후변화 등을 들 수 있다. 바클리 만 생태계에 있어서 생태적으로 연어의 역할을 이해하기위해선 무엇보다 연어의 서식공간을 이해하는 것이 필요하다. 즉 해안지역에서 자라는 온대우림, 하천, 하구 및 해안지역의 해양생태계가 그것이다.

대부분의 현장실습과 연구조사 활동은 뱀필드 주위의 온대우림 천연림 지역과 사리타 강 유역에서 이루어진다. 사리타 강은 역사적으로 엄청난 양의 연어가 회귀하는 생산성이 높은 하천이었다. 대규모의 산업적 벌채와 이에 따른 연어산란 하천의 파괴 및 바다에서 과도한 남획 등이 한때 이강에서 연어를 사라지게 만든 원인이 되었다. 연어자원의 고갈은 어떻게 자연을 받아들이고 관리해야 하는 지에 대한 윤리적 질문을 우리 스스로에게 던지게 만들었다.

사례 1은 바클리 만의 해안 생태계를 형성하고 있는 많은 동식물과 이들 간의 상호관계에 대한 학생들의 이해를 증진시키는 것을 목표로 한다. 사례 1 연구에 포함될 내용은 대규모 산업적 벌채가 산림 및 하천생태계에 미치는 영향과 해안지역의 온대우림의 파괴와 연어에 대해 과도한 상업적 어획으로 이끈 경제적 원인 등이 있다. 사례 1은 지역사회 중심의 지속가능한 자원관리를 중점적으로 다룰 사례2의 배경지식을 제공하는 역할을 하게 된다.

(가) 질문형식으로 표현한 사례 1

"역사적으로 자원 이용의 대상이 되어왔던 바클리 만 지역에서 전통적 자원이용이 생태계와 지역사회의 역할에 어떤 영향을 미쳤는가?"

(나) 습득대상 현장조사 기법

1. 숲 속의 잔재물 (coarse woody debris) 조사 및 분석 방법
2. 산림조사 방법
3. 숲의 구조 조사방법
4. 지형도 독도법
5. 나침반 및 나무 높이 측정법
6. 식물종 식별 법
7. 원주민 전통식물 이용법
8. 문화적으로 변형된 나무 식별 방법
9. 연어 치어 식별 방법
10. 연어 치어 개체 수 조사 방법
11. 수생곤충 식별 방법
12. 수생 서식 공간 및 수질 측정 방법

(다) 사례 1 연구에 필요한 교과목 및 학습 내용

1) 생태

과목개요

이 과목은 육상의 온대우림생태계와 해안지역의 바다생태계의 관계를 다루는 연안 생태에 관한 기본 개념과 원리를 소개하는데 그 목적이 있다. 바다는 별도의 독립된 생태계가 아니라 육상 생태계에 영향을 미치는 한 서로 밀접한 관계를 맺는다. 연안 생태계가 내륙으로 미치는 영향권은

연어가 회귀해 산란하는 지역까지 포함할 수 있다. 연어의 산란장은 종종 해안에서 수백 킬로미터 이상 떨어져 있는 경우도 있다. 따라서 이 과목에서는 해양생태계보다 육상생태계를 좀더 집중적으로 다루지만 항상 바다의 영향권에 있다는 관점에서 다루어진다. 연어 어종은 밴쿠버 섬 서해안 지역에서 생태적으로 가장 중요한 생물 종으로 이를 매개로 숲, 개울, 바다와의 생태적 관계를 다룬다. 또 연어는 이 지역에서 전통적으로 문화적, 경제적으로 매우 중요한 자원으로 이 지역 환경문제를 이해하는 열쇠가 된다.

학습내용

1강 생태학 입문
2강 온대우림 입문
3강 온대우림 식물 식별실습
4강 육상생태계 다양성 식별 및 구분법
5강 해안생태학 입문
6강 태평양 연어 생활사
7강 태평양 연어의 라이프 사이클
8강 하천 생태계에 미친 산림벌채의 영향
9강 수변지역 (Riparian Zone) 생태학
10강 수생곤충 생태 및 식별 실습
11강 치어 생태 및 식별 실습
12강 생태적 자원 측면의 연어

2) 자원관리

과목개요

이 과목에서는 온대우림과 연어자원을 중점적으로 다루며, 학습목표는 이 두 가지 주요자원이 정부와 기업차원에서 어떻게 이용되고 관리되어 왔으며, 그 같은 관리 및 이용방법이 이 두자원에 의존해 있는 생태계와 지역사회에 어떤 영향을 미치게 되었는지에 관한 것이다. 최근 많이 바뀌고 있지만 그간 자원관리의 목적은 인간 중심적인 것이었다. 즉 경제적 효율과 이윤극대화를 최고의 목표로 하는 인간중심적인 자원관리 방법이 통용되어 왔다. 이같은 전통 자연자원 관리 방법은 생태계에 대해 파괴적으로 작용하였으며 자연자원의 고갈과 자원에 의존해 있는 지역사회의 경제구조를 불안정한 상태에 빠뜨리는 결과를 가져왔다. 사례 1 연구기간 중에는 전통적 자원관리방법의 문제점과 그에 따른 생태계 및 지역사회에 미친 영향을 중점적으로 다루고, 사례 2 기간 중에는 이 같은 전통 자원관리 방법을 대신할 수 있는 해결방법과 대안모색을 집중 조명한다.

학습 내용

1강 자원관리 입문
2강 지도 및 나침반
3강 지역사회 관점에서 본 자원이용
4강 비씨주 천연 자원 이용 역사
6강 연어자원 역사
7강 전통산림경영법
8강 모두베기 벌채방식에 의한 생태적 영향
9강 수확시스템 및 가변적 유보벌채
10강 산림분획화 (forest fragmentation)
11강 공유재 (common pool resource)의 정의 및 문제점/실습
12강 비씨주 임지소유제도 면허 및 산림정책
13강 년 간 산림 벌채 가능량 및 수확기간 결정 방법
14강 문화적으로 변형된 나무의 의의, 조사방법 및 전통식물이용법
15강 산림인증제 (forest certification)

3) 경제 및 환경윤리

과목개요

이 과목에서는 밴쿠버 섬의 온대우림 자원을 관리하고 이용하는 것과 관련한 사회적 문제를 다룬다. 특히 지속가능성 확보를 위해 원주민들의 전통적 자원이용 지식과 지혜를 활용하는 방법을 포함해 주위의 산림 또는 수산자원에 의존해 있는 오지의 마을의 지역사회 경제 문제, 자연보전을 기초로 한 자원 개발, 원주민과 관련한 인류학적 문제 등을 다룬다. 또 가치관, 윤리, 기회 균등과 같은 사회적 기준들이 자원 이용이나 환경 정책과 관련한 의사결정시 미치는 영향도 함께 다룬다. 학생들은 이 과목을 통해 자원 경제, 생태경제, 심층생태, 환경운동 주의, 원주민 문화 역사 및 전통 자원 이용지식 등 지속가능한 자원 이용과 관련한 사회과학적 접근 방법을 배우게 된다.

학습내용

1강 경제 및 환경윤리 입문
2강 캐나다 지리
3강 뱀필드 역사
4강 원주민 마을 방문
5강 원주민 문화 및 역사 입문
6강 자원경제학 입문
7강 지역경제활동 분석
8강 금세기 비씨주 임업 경제
9강 금세기 비씨주 수산업 경제
10강 환경윤리 입문
11강 야생자연에 대한 인식 및 태도
12강 나무에게도 법적지위가 있는가?
13강 칼마나 주립공원 배경 및 환경 분쟁 역사
14강 환경윤리 초청강사 (생물다양성 및 자연자원 보전 윤리)

15강 생태적 발자국크기 소개 및 실습
16강 환경 서비스 계량 및 실습

4) 연구 조사

1강 연구보고서 작성법
2강 과학논문 작성법
3강 구두발표 및 시청각 자료 이용 워크숍
4강 통계 및 컴퓨터 (Excel) 사용법 워크숍

(라) 사례 1과 관련한 현장실습

실습 1 독도법 및 나침반 사용법
실습 2 연어 - 곰 상호작용
실습 3 산림 구조
실습 4 식물 식별
실습 5 문화적 변형 나무 (culturally modified trees)
실습 6 전통식물 이용법
실습 7 육상생태계 다양성 식별 및 조사
실습 8 식물조사 (수목, 관목, 초본류, 이끼류)
실습 9 숲 속 잔재물 조사
실습 10 연어치어 식별 및 연어 자원분석
실습 11 수생곤충 식별 및 분석
실습 12 수서 공간 및 수질 분석

(마) 현장견학

현장견학 1 칼마나-월브란 주립공원
현장견학 2 웨이어하우저사 스프롯레이크 사업소 방문 견학

현장견학 3 제재공장견학
현장견학 4 포트알버니 박물관 견학
현장견학 5 카네이션 크릭 프로젝트 현장방문 (산림 벌채에 의한 하천 영향 평가 연구 현장)

(바) 사례 1 관련 사진

사진 8. 해변에서 현장 강의

사진 9. 숲속에서 현장 강의

사진 10. 바닷가에서 현장 실습 (연어 치어 포획)

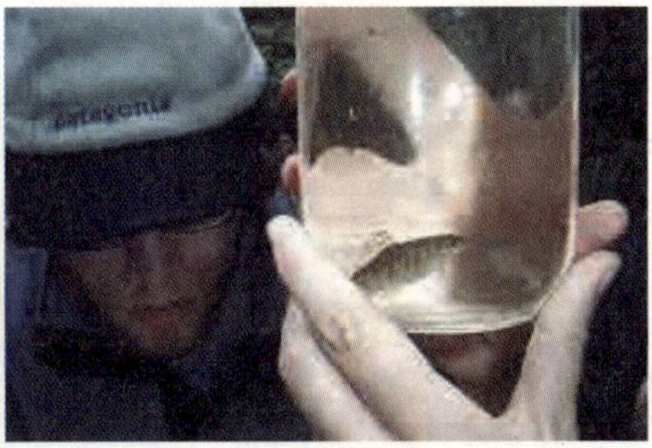

사진 11. 포획한 연어 치어 조사

사진 12. 산업적 벌채 현장 탐방

사진 13. 목재 가공 공장 견학

사진 14. 연어 산란 하천에서 수생곤충 채집 실습

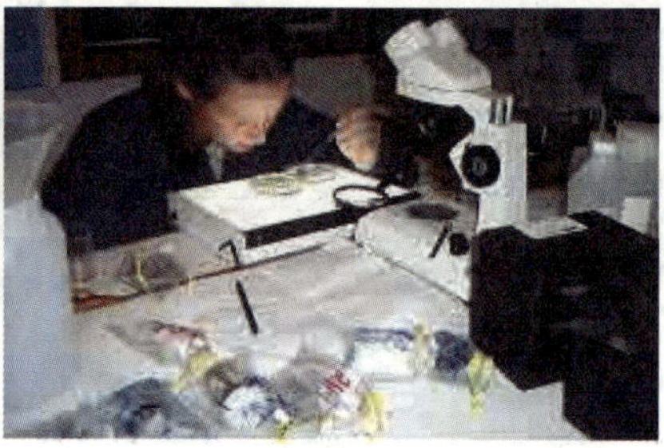

사진 15. 수생곤충 식별 및 개체수 조사

(4) 사례 연구 2: 지역사회 중심의 산림 및 수산자원 관리

최근 좀더 생태적이고 사회적으로 책임감 있는 자원관리에 대한 사회적 요구와 압력이 거세지면서 전통적 자원관리방법은 커다란 도전에 직면하게 되었다. 사례 2는 이같은 도전과 관련된 문제를 다루며 대규모 산업적 이용을 기초로 한 자연자원관리 방법에 대한 대안을 모색하는데 있다. 대안적 방법은 지역경제의 다각화 및 다양화 문제와도 관련된다. 즉 뱀필드라는 지역사회가 경제적으로 지속성을 유지하기 위해 필요한 경제적 활동에는 어떤 것들이 있는가하는 문제이다. 이를 위해 첫 번째로 소규모의 가치중심의 임업 또는 수산업 관리방법들을 논의하고, 이와 함께 인증제도와 같이 시장의 힘을 이용해 자원이용 기업의 환경적 수행능력을 향상시키는 문제도 함께 논의 한다. 두 번째로는 자원의 비채취적 이용에 대해 지역사회가 추진하고 있는 이니셔티브들을 살펴본다. 뱀필드와 인근지역의 경제는 그동안 임업 및 수산자원에 의존해왔다가 부가가치가 높은 경제활동 쪽으로 이행하고 있다. 생태관광업, 어패류 양식업, 기타 서비스 업종으로의 전환이 그러한 예이다. 그러나 이같은 이니셔티브들도 대부분의 경우 많은 환경적 영향평가를 필요로 하고 있다. 셋째, 과거 매우 비옥한 연어산란 하천이었다가 현재는 파괴된 상태로 남아 있는 지역사회 인근의 하천을 어떻게 할 것인가 하는 문제이다. 아직도 많은 경제적 생태적 제약이 있는 가운데 하천 복구는 실현가능한 사업이 될 수 있을까 하는 문제가 대두된다. 뱀필드는 한때 스포츠 낚시로 크게 각광을 받았었다. 그러나 어족자원 고갈과 함께 스포츠 낚시 붐도 꺾이면서 뱀필드 경제는 어쩔 수 없이 다각화 시키지 않으면 안될 처지에 놓여있다.

위와 같은 문제들이 사례 2 기간 중 중점적으로 다룰 내용들이다. 자연해설을 포함한 숲 속 탐방로 하이킹, 온대우림 원시림 견학, 고래관광, 바다카약타기 등과 같은 활동이 경제적으로 스포츠 낚시를 바탕으로 한 관광업을 대체할 수 있을까? 현재 6월부터 9월초까지인 관광시즌을 좀더 길게 연장시킬 수 있을까? 생태관광의 어떤 면이 생태적인가? 생태관광 역시 환경에 영향을 주는 것은 큰 차이가 없지 않은가? 수산양식은 피폐화된 지역경제를 살리는데 대안이 될 수 있을까? 토지소유권이나 자원이용을 둘러싼 마찰과 갈등을 어떻게 조정할 것이며 환경영향을 최소화할 방도는 있는가? 파괴된 연어산란 하천 및 유역을 어떻게 복구 할 것인가? 이같은 문제들을 산림자원 이용과 관련시켜 지역, 국가, 국제적 차원에서 광범위한 논의가 사례 2의 주된 학습내용이다.

(가) 질문형식으로 표현한 사례 2:

“지역사회에 바탕을 둔 자원관리방법이 해안지방의 천연자원을 복구시키고 지속가능하게 만들 수 있을까?”

(나) 학습목표

다음과 같은 문제나 주제에 대한 이해를 증진시키는 것을 목표로 한다.

- 마을산림의 경제적 타당성
- 지속가능성의 제 관점
- 대안적 산림이용 및 관리 방법 (소규모 임지 경영 방법)
- 생태적 임업
- 지구화와 지역중심의 자원관리
- 생태계 경영/유역자원의 관리
- 고 부가 목제품 (예: 가구)과 물량중심 제품 (예: 제재목 및 펄프)
- 산림인증제 및 동향
- 경제원칙의 실제응용 (수산자원 관리)
- 교란된 수생생태계의 지표
- 다양한 어업관리에 적용되는 과학적 기법들
- 해당지역에서 어패류의 양식과 관련한 마찰과 분쟁
- 어업활성화 및 어족자원 복구를 위한 대안
- 수산업이 해양생태계에 미치는 영향
- 효과적 해양자원관리의 제약요소
- 어족자원의 생명주기 및 식별법
- 외래어종이 생태계에 미치는 영향
- 해양 및 수생 생태계에 가해지는 인위적 자연적 변화
- 수산자원 관리 전략 및 대안
- 생태적 발자국 크기 계산법

- 토지이용 및 계획의 기본적 절차
- 지역 내 천연자원의 지속가능한 이용을 가능케 할 수 있는 경제적 기회
- 환경정책에 변화를 유도할 수 있는 환경운동주의의 역할
- 해양 인증제 및 동향
- 자연보전지구 관리
- 기초 GIS 및 통계학

(다) 사례 2 연구에 필요한 교과목 및 학습 내용

1) 생태

1강: 사례 2 소개
2강: 육상 생태계와 해양생태계 비교
3강: 해양생태학 기초
4강: 패류 (조개) 입문
5강: 패류 표본조사 실습
6강: 하구 생태학
7강: 해류 및 조석원리
8강: 동물성 플랑크톤 식별방법
9강: 바클리 만의 해양포유류 동물
10강: 조간대 생태학
11강: 해양 무척추 생물 및 해조류 식별 및 생태
12강: 해양생태계 다양성 측정 및 모니터링
13강: 해초류 생태학

2) 자원관리

1강: 지역중심 자원관리
2강: 마을산림

3강: 마을산림의 경제적 자생력
4강: 조개류 양식
5강: 생태계 경영
6강: 인공부화장 및 어족자원 복구
7강: 미국-캐나다 태평양 연어 조약
8강: 연어양식
9강: 육상 보호지역 관리
10강: 해상 보호지역 관리
11강: 해조류 시장
12강: 산림인증제
13강: GIS 워크숍

3) 경제 및 환경 윤리

1강: 지속가능한 발전 토론
2강: 비씨주 서해안의 지속가능성
3강: 원주민 단체의 토지반환 청구 소송
4강: 후에이앗 부족 발전계획
5강: 생태관광
6강: 뱀필드의 경제적 기반
7강: 뱀필드 경제의 다각화
8강: 지속가능성 토론
9강: 경제 및 윤리적 시각에서 본 자연복구의 제 측면
10강: 스포츠 낚시 - 윤리
11강: 스포츠 낚시의 경제성
12강: 목재 및 종이 소비와 관련한 생태적 발자국 크기 계산
13강: 환경운동 주의

4) 습득대상 현장조사 기법

- 목제품 소비와 생태적 발자국크기 계산
- 임목 생장 측정을 위한 영구 표본 설정 기법
- 나무의 생장, 연령 분석을 위한 생장추 이용법
- 산림지의 비옥도 및 생산성 판정 기법
- 갯벌 및 조간대 생물 식별 및 조사
- 조개류 및 쌍각류 식별 및 조사
- 질소 동위원소 함량 조사를 위한 생장추 이용법

5) 사례2 현장견학

현장견학 1: 독림가 경영현장 방문 (Al Hopwood Wooldlot)
현장견학 2: 태평양 생물연구소 (Pacific Biological Station)
현장견학 3: 고부가 산업 (Sarita Furniture)
현장견학 4: 지속가능한 산림경영 모델, 와일드 우드 (Wildwood)
현장견학 5: 산림청 지방사무소 (District Office of Ministry of Forests)
현장견학 6: 수산가공 공장 (Fish Processing Mill)
현장견학 7: 지역환경단체 (Friends of Clayoquot Sound)
현장견학 8: 국립공원 (Parks Canada)
현장견학 9: 친환경 벌목기업 (Iisaak Forest Resource Co.)
현장견학 10: 연어양식장 (Mainstream Canada)
현장견학 11: 고래관광업 (Ecotourism Industry: Jamie's Whaling Station)

(라) 사례 2 관련 사진

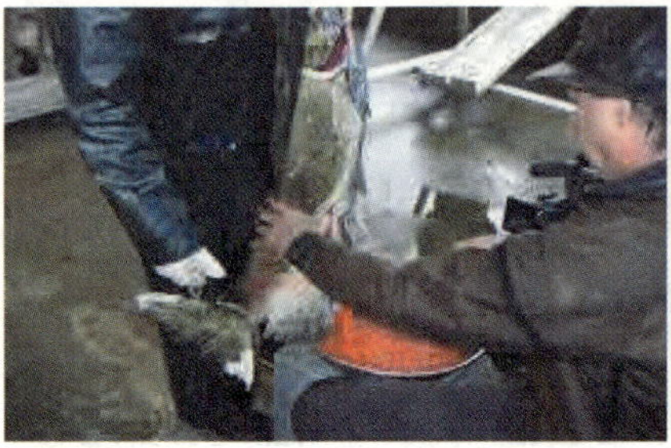

사진 16. 연어 암컷으로부터 채란하는 장면 (인공부화장)

사진 17. 고부가 목제품 가공 공장 (가구 공장) 견학

사진 18. 친환경적 벌채회사 현장탐방

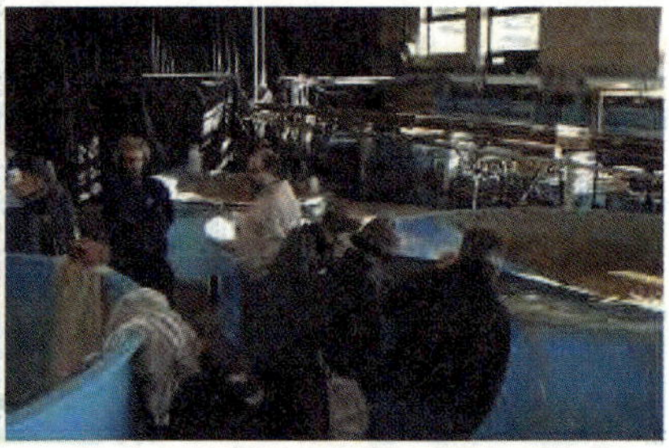

사진 19. 해산물 양식 연구 현장 (국립해양연구소)

사진 20. 다시마 양식장 현장 강의

사진 21. 연어 양식장 견학

사진 22. 원시림 생태계 탐방 (칼마나 주립공원)

사진 23. 연어 연구 시설 견학 (연어 포획용 펜스)

(5) 연구조사

SFS에서는 매학기 2-4가지 서로 다른 연구프로젝트를 수행한다. 연구주제는 대체로 지역사회의 필요나 요청에 의해 결정되는 것이 보통이며 모니터링과 같은 장기적 연구를 필요로 하는 경우엔 매학기 같은 연구를 반복하기도 한다. 다음은 SFS 캐나다 센터가 8년 동안 수행한 크고 작은 많은 연구과제들 중 극히 일부에 불과하며 필자의 근무기간 (1999-2003) 중에 수행된 것 중 골라 요약하였다.

(가) 마을 숲 산림 자원 조사

뱀필드 마을과 후에이앗 원주민 마을은 공동으로 1999년 당시 주정부의 파일롯트 프로젝트였던 마을 산림 면허를 얻어 마을 인근의 430헥타르의 국유림을 99년까지 장기 임대해 자치적으로 이용 할 수 있는 기반을 마련했다. 마을 산림은 산업적 벌채가 환경피해는 물론 지역사회에 경제적 도움을 주지 못한다는 점에서 그에 대한 대안으로 제시된 새로운 산림제도 이다. 특히 마을 주민에 의해 마을 주민을 위해 자치적으로 경영되는 캐나다 최초의 산림제도로 많은 기대를 모으고 있다. SFS에서는 이 마을 산림의 경제적 가치를 파악하기 위해 2년에 걸쳐 산림조사를 실시했다. 어떤 수종의 나무들이 얼마만큼 있는지를 표본조사를 통해 파악하였으며 마을 산림위원회에선 이를 장기 산림경영계획을 수립하는데 활용하였다. 특히 SFS의 연구조사 결과는 마을 산림을 생태적 특징에 따라 구분해서 해당 숲이 가지고 있는 특징에 가장 알맞는 이용을 결정하는 zoning에 활용되었을 뿐만 아니라 년간 벌채량, 벌채지 선정, 벌채 방법을 결정하는 장기 산림경영계획 수립에 적극적으로 활용되었다.

(나) 임목 생장 및 수확 연구

마을산림위원회에서는 마을 산림이 있는 곳의 토지 생산성이 얼마나 되는지를 파악할 필요가 생겼다. 향후 생산될 목재가 어느 정도가 될지를 판단하기 위한 목적과 해당지역의 토지 비옥도를 나타내는 지위지수 (地位指數)를 계량하기 위함이었다. 지위지수는 토양의 비옥도에 따라 주어지는 숫자로 나무의 연령과 나무의 높이를 기준으로 결정된다. 또한 개개의 나무나 숲의 년 간 생장량이 얼마나 되는지를 파악하기 위해서 영구표본을 설치해 주기적으로 생장량을 조사 할 필요가 있다. SFS에서는 모두베기 벌채 후 새로 자라는 어린 숲을 대상으로 두 학기에 걸쳐 7개의 영구표본을 설치하고 표본내의 모든 나무들에 관한 정보를 등록시켜 데이터베이스를 만들고 매 10년마다 재측정 할 수 있는 기반을 구축하였다. 등록된 정보는 향후 마을 산림위원회에서 산림경영과 관련한 계획이나 주요한 결정을 내릴 때 유용한 참고자료로 활용 할 수 있다.

(다) 온대우림 숲 구조 조사

온대우림은 세계적으로 매우 희귀한 숲으로서 독특한 구조를 지닌다. 이 숲의 독특한 구조는 동식물의 서식공간을 만들어 높은 생물다양성을 유지 할 수 있는 바탕이 된다. 과거 숲을 연구하고 조사하는 목적이 경제적 가치를 계량하기 위함이었던 반면, 생태계의 건전성과 다양성을 유지하는 생태계 경영 방법이 적극적으로 활용되고 있다. 따라서 생태계를 보전하기 위해서 숲의 구조를 조사하고 그 같은 숲의 구조를 장기간 유지할 수 있는 방법을 모색하는 것이 점점 중요해 지고 있다. 또 온대우림을 벌채할 때 어떤 방법으로 어느 정도의 숲을 베어내는 것이 친환경적인지를 파악하기 위한 연구도 파괴되지 않은 숲의 구조를 기초로 한다. 이 방법은 결국 숲에 가해진 자연교란을 모방하는 방법이 될 수 있는데, 자연교란이 일어나고 있는 지역 숲의 구조를 조사해 이를 산림경영에 응용 할 수 있다. 뱀필드의 마을 숲은 대부분이 온대우림 원시림으로 자연 교란이 진행되고 있는 숲이다. 마을 숲을 경영하면서 생태적 건전성을 유지하기 위해 마을 숲 중 보전상태가 양호한 대표적인 곳을 선정해 가로 10미터 세로 100미터의 표본을 3개 곳 (고목림, 부분적으로 벌채가 이루어진 지역, 모두베기 벌채 후 다시 자라는 곳)에 설정하고 이안의 모든 나무를 조사하고 등록 시켰으며, 숲 바닥에 쓰러진 잔재물도 함께 조사했다. 연구 결과는 마을 산림위원회에서 벌채계획을 세우거나 벌채방법, 벌채구역의 크기 등을 결정 할 때 참고로 활용할 수 있다.

그림 4.3. 숲 구조 측면도 및 수관지도 (천연림)

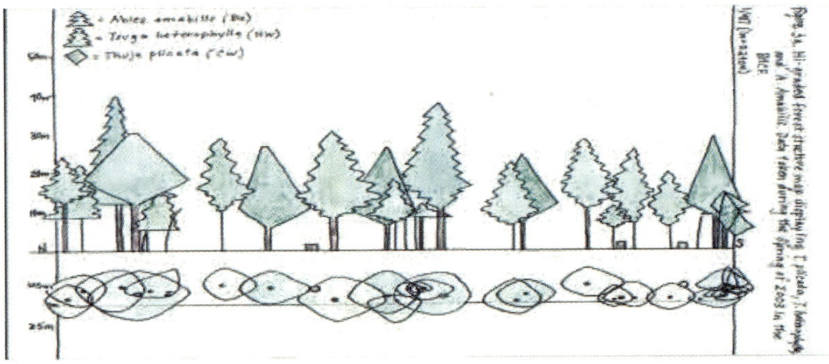

그림 4.4. 숲 구조 측면도 및 수관지도 (일부 벌채 된 후 다시자라는 숲)

그림4.5. 숲 구조 측면도 및 수관지도 (일부 벌채 후 다시자라는 숲)

(라) 육상생태계 지도 작성 프로젝트

캐나다의 산림은 기후, 수종과 하층식생을 기준으로 대분류를 한 다음 토양의 비옥도, 토양수분 등을 기준으로 다시 세분화시킨다. 세분화 시킨 것을 기준으로 육상생태계 지도를 만든다. 생태계 지도는 산림경영을 위한 기본자료로 매우 유용하게 쓰인다. SFS에서는 뱀필드 마을 숲 생태계 조사하고 세분화 시켜 마을 숲의 생태계 지도를 작성했다.

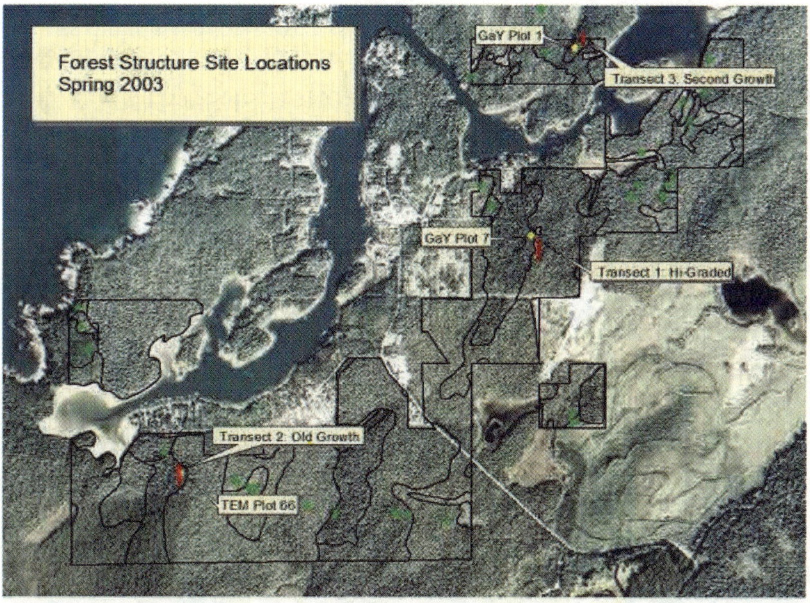

그림 4.6. 뱀필드 마을 산림내에서 수행된 각종 연구조사 표본 위치도 (Transsect 1-3: 산림구조 프로젝트, GaY Plot: 생장 및 수확 연구 프로젝트, TEM; 육상생태계 지도제작 프로젝트)

(마) 연어 산란 하천 복구 조사

뱀필드 인근의 사리타 강은 과거 많은 연어가 회귀하던 매우 비옥한 하천이었다. 특히 이 하천을 중심으로 식량자원을 확보해왔던 후에이앗 원주민들에게도 사리타 강은 모천이었다. 그러나 인근지역에서 산업적 벌채가 시작된 후 빗물에 휩쓸려 들어온 돌과 자갈 등으로 연어의 산란과 서식환경이 파괴되어 연어회귀가 멈추었었다. 후에이앗 원주민 마을에서는 이를 복원하기 위해 연어 치어를 방류하고 하천복구 구조물을 설치하여 연어산란 환경이 회복되길 기대하고 있다. 그러나 구조물을 이용한 하천복구 방법은 매우 최신기법으로 구조물들이 과연 제 역할을 하고 있는지에 관해서는 아직까지 학계에 발표된 것이 없다. SFS에서는 복구 구조물이 설치 된 1999년 직후부터 매년 봄가을 학기 두 차례씩 복구된 구간의 수질, 치어 개체수, 수심, 수온, 용존산소량 등을 모니터링 해오면서 방대한 데이터베이스를 구축하였다.

(바) 역사적 연어 회귀량 조사

사리타 강을 복구하면서 일기 시작한 또 다른 문제는 복구의 목표였다. 하천복구의 성공여부를 판가름하기 위한 기준이 필요했다. 즉 연어가 한창 많이 올라오던 때의 회귀량이 어느 정도 되는지를 조사해 그것을 기준으로 하천 복구의 목표를 정하는 것이다. 이 방법은 연어산란 하천 주위에 남아 있는 노거수를 대상으로 생장추를 이용해 core를 뽑은 다음 각 연륜 속에 포함된 질소 동위원소 (N_{15})의 양을 분석하는 방법이다. 이 방법은 연어가 산란 하고 죽으면서 연어의 신체 일부를 이루고 있던 해양성 질소 동위원소 N_{15}이 곰이나 야생동물들에 의해 숲 속으로 끌려들어간 다음 나무의 양분으로 환원되어 나무줄기 속에 갇히게 되는 과학적 연구를 바탕으로 한 것이다. 즉 각 연륜이 포함된 질소 동위원소의 양을 이용해 역사적 회귀량을 추정해 볼 수 있다. 이를 위해 2002년부터 사리타 강 주위의 거목을 대상으로 조사를 착수했다.

(사) 조개류 양식 경제적 타당성 조사

뱀필드 마을과 후에이앗 원주민 마을에서는 대체수산업으로 조개양식을 검토한 적이 있다. 양식을 직접 추진하기 전에 양식장으로 쓸 갯벌의 생산성과 그에 따른 투자효과와 경제성을 분석하는 일이 필요했다. 지역사회를 위해 필요한 연구를 하는 SFS에서 이에 필요한 연구를 한 학기 동안 한 적이 있다. 즉 기존의 갯벌을 표본 조사해 단위면적당 조개류 생산량이 얼마나 되는지를 파악하고 그에 따른 경제성을 분석한 바 있다.

(아) 원주민 마을 유적 보전 방안

뱀필드에서 얼마 떨어지지 않은 곳에는 100년 넘게 방치된 원주민 마을 "키산" (Kiixan)이 있다. 후에이앗 원주민들이 살던 곳이었으나 다른 부족과의 전쟁과정에서 대부분이 주민들이 학살당한 후 마을이 방치되는 일이 발생했다. 100여 년간 방치되면서 폐허가 되었지만 전통가옥이 서 있던 곳에는 기둥과 들보 등의 유적이 그대로 남아 있게 되었다. 많은 원주민 전통마을이 현대화와 함께 개조되고 변형된 것에 비해 이곳은 비록 허물어지긴 했지만 당시의 가옥구조나 규모를 파악할 수 있는 역사적 문화적 가치가 매우 높은 지역이다. 1999년 이 마을은 캐나다 정부에 의해 국립유적지로 지정되면서 이를 어떻게 일반인들에게 문화적 교육적으로 활용할 것인지에 대한 문제가 대두되었다. SFS는 이 지역을 조사하고 현재 허물어진 기둥과 들보 등 전통가옥의 구조물을 전부 조사하여 유물지도를 만들었으며 이곳을 관광용으로 개방 시 예상되는 영향을 조사하고 이를 대처 할 수 있는 방안을 제시하였다.

(자) 연구 활동 관련 사진

사진 24. 마을 숲 산림자원 조사

사진 25. 온대우림 숲 구조 조사

사진 26. 연어 산란 하천 복구 모니터링

사진 27. 연어 산란 하천 복구 구조물 조사

사진 28. 육상 생태계 지도 작성을 위한 현장 조사

사진 29. 역사적 연어 회귀량 연구

사진 30. 육상 생태계 지도 작성을 위한 현장조사

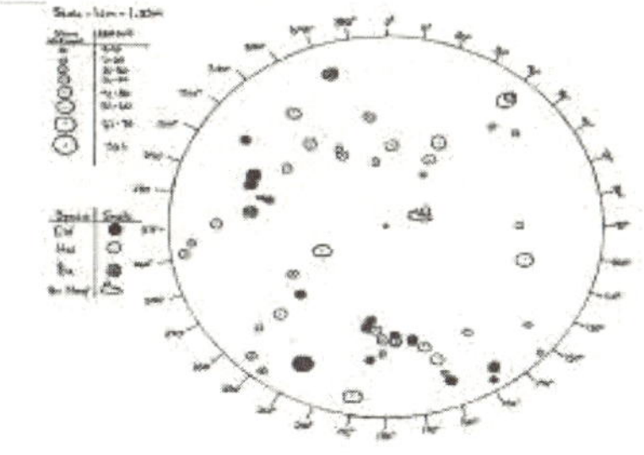

사진 31. 임목생장을 위한 영구 표본 지도

사진 32. 지역사회 주인들과 함께하는 연구결과 발표회

(차) 기타

이외에도 수시로 뱀필드나 후에이얏 원주민 마을에서 연구조사의 필요성을 절실히 느끼지만 연구 인력이나 연구비를 충당 할 수 없어 연구를 수행 하지 못하는 경우 SFS에서는 지역사회를 위한 봉사차원에서 각종 크고 작은 연구조사활동을 해왔다.

(6) 비정규 프로그램

SFS에서는 정규프로그램 사이에 각종 단기 프로그램을 운영해 왔다. 가장 대표적인 예로 온타리오 주의 사립 고등학교 학생들을 대상으로 2주 프로그램과 대학생을 대상으로 한 단기 주문형 프로그램을 들 수 있다. 단기 프로그램은 위탁교육을 의뢰하는 기관의 주문에 따르지만 대체로 여름에 이루어져 1개월 정규 여름학기 프로그램을 축소 또는 변형시켜 운영해왔다. 단기 프로그램은 참여 학생들이 온대우림이나 해양생태계와는 크게 다른 주거 및 교육환경에서 오기 때문에 뱀필드 주변의 온대우림과 해양생태계의 특징을 최대한 살린 체험적 교육 측면이 크게 강조되었다. 2001년 여름 우리나라 국민대학교 산림자원학과 학생들을 대상으로 2주간의 프로그램을 운영한바 있다.

다. 사례 2: SFS 멕시코 센터 연안 연구 프로그램

SFS 멕시코 센터

(1) 센터 지리적 환경

SFS 멕시코 센터는 바하 캘리포니아 (Baja California)반도 남부 서해안의 조그만 어촌도시 푸에르토 산 카를로스 (Puerto San Carlos)에 위치하고 있다. 바하 캘리포니아 지역은 3분의 2가 사막으로 연간 강수량이 250밀리미터에 불과하고 여름에는 기온이 대부분 섭씨 38도를 웃도는 고온 건조한 기후대에 속 한다. 바하 캘리포니아는 멕시코 본토에서 멀리 떨어져 있고, 농업이나 정착에 부적합한 사막 환경 때문에 그동안 본토에 비해 개발의 손길이 미치지 않았다. SFS 센터는 해안선을 따라 긴 방파제를 쌓은 듯한 6개의 좁고 긴 섬들이 만든 길이 200킬로미터 폭 20 킬로미터의 해협에 형성된 막달레나 만 (Bahia Magdalena) 안쪽에 위치하고 있다. SFS의 다른 센터와 마찬가지로 멕시코 센터 주위의 자연환경은 여러 가지 많은 특징을 지닌다. 센터가 위치한 지역은 3개의 독특한 생태계가 공존한다. 즉 미국 애리조나 주에서 시작된 소노란 (Sonoran) 사막생태계, 해안선 주위에 형성된 맹그로브 (Mangrove) 습지 생태계, 막달레나 만의 해양생태계가 그것이다. 바하 캘리포니아 반도 대부분이 그렇듯이 이곳도 해안 근처까지는 대부분 평탄한 지형의 사막으로 키 10 미터 이상의 cardon (*Pachycereus pringlei*)을 포함한 각종 선인장들로 덮여있다. 해안가로 접어들면서 많은 해협들이 내륙 쪽으로 들어와 형성된 습지가 나타나며 습지 주변은 바닷물이나 갯벌에서도 뿌리를 내리고 자라는 맹그로브 숲으로 덮여있다. 이곳의 맹그로브 숲은 북미 태평양 연안에서 파괴되지 않은 상태로 남아 있는 것 중 최대규모 이다. 맹그로브는 열대지방에서만 볼 수 있는 식물로 밀물과 썰물이 교차되는 지점에서 군락을 이루며 자란다. 땅속의 양분을 섭취하고 이를 식물성 플랑크톤의 먹이가 되는 물질로 환원시켜 주변 생태계의 일차 생산을 크게 높여 새우, 어족자원, 조류들이 풍부한 해양생태계의 보고를 만들고 있다. 막달레나 만의 대부분은 수심이 4-5미터 이하로 매우 낮아 바다 바닥에 서식하는 저서(底棲) 생물과 유영(遊泳) 생물의 서식환경을 함께 갖추고 있다. 또한 수온은 차가운 북쪽의 캘리포니아 해류와 남쪽의 따뜻한 아열대 해류가 만나는 지점에 위치해 해수온도가 비교적 따뜻하며 풍부한 양분을 지닌다. 센터의 교육 및 연구 프로그램은 이같은 천혜의 주변 환경의 장점을 최대한 살려 개발되어 운영되고 있다.

사진 4.1. 바하 캘리포니아 반도

사진 4.2. 막달레나 만 위성사진

(가) 쇠고래와 바다거북

이 같은 천혜의 자연환경 때문에 많은 해양생물들과 조류들을 볼 수 있는데 이곳의 생태계를 상징하는 두 가지 카리스마적 동물은 쇠고래와 바다거북 이다. 이곳은 아직도 겨울이면 쇠고래 (gray whale, *Eschrichitus robustus*)들이 새끼를 낳고 이듬해 봄 북상하기 전까지 겨울을 지낸다. 다른 하나는 5 종 (Olive Ridley, Leatherback, Loggerhead, Green, Hawksbill)의 바다거북으로 바하 캘리포니아 연안에서 서식 또는 산란한다. 이 중 Loggerhead는 일본의 규슈 지방의 해안에서 출생해 태평양을 횡단한 다음 멕시코의 바하 캘리포니아에서 성장한 후 산란하기 위해 자신이 태어난 일본으로 다시 돌아가는 것으로 최근 밝혀져 학계의 관심을 크게 불러 모은 바 있다.

(나) 지역 환경 문제

사막, 맹그로브 숲과 같은 독특한 생태계와 쇠고래, 바다거북 등 카리스마적 동물들이 살고 있는 이지역의 환경문제는 이 같은 독특한 생태계를 어떻게 보호하고 이용 할 것 인가 하는데 있다. 이를 좀더 구체적으로 파악하기 위해 센터와 지역사회의 이해집단들 간 연구자문위원회를 구성하고 여러 차례 회의를 통해 확인 한 것들이다. 따라서 아래 언급하는 환경문제들은 센터가 독자적으로 파악한 것이 아니라 이지역의 환경문제에 이해가 걸려있는 시민단체, 이해집단, 연구 요청자, 연구결과의 수혜자, 지방정부 관계자들과의 협의를 거쳐 이들의 요구를 적극 반영하여 결정된 것으로 이지역이 안고 있는 현실적인 환경문제들이다.

(다) 막달레나 만 생태계 보전

사막, 맹그로브 숲, 습지, 연안 생태계 등 다양한 생태계가 한군데 집결되어 높은 생물 다양성과 풍부한 어족자원이 존재하지만 이의 장기보전에 위협이 되는 많은 요소들이 공존하고 있다. 막달레나 만 지역은 생계형 어업이 주산업 이다. 지역경제가 거의 전적으로 의존하고 있는 막달레나 만의 어족자원을 장기적으로 보전하는 것은 생물다양성 보전, 지속가능한 수산자원 이용, 지속가능한 지역경제를 위해서 필수적 이다. 현재 막달레나 만 주위의 생태계를 위협하고 있는 것은 불법 어획으로 인한 자원고갈, 인근 수산물 가공공장에서 배출되는 하수로 인한 해양오염 등이 있다. 해양 오염은 조개류나 갑각류의 서식공간을 파괴해 이에 의존해 있는 어촌경제가 타격을 입고 있다.

(라) 친환경적 문화 정착 유도

푸에르토 산 카를로스 주민들은 오래전부터 바다거북을 식용으로 쓰는 전통을 갖고 있다. 아직까지도 부활절이나 추수감사절과 같은 명절에는 거북요리를 즐기는 풍습이 남아 있다. 1990년 멕시코 정부는 바다거북을 식용으로 쓰는 것을 불법화 했지만 조업 중 그물에 걸려 다른 고기와 함께 딸려오거나 (bycatch) 은밀한 불법 포획을 통해 식용으로 계속 사용하고 있다. 전통식문화를 바꾸는 일은 쉬운 일이 아니기 때문에 주민들을 상대로 한 교육 및 홍보 노력이 필요하다.

(마) 지속가능한 해양 수산자원 관리

산 카를로스 내 두개의 수산물 가공공장이 있으며 각각 500여명과 80여명의 직원을 고용하고 있지만 나머지 대부분의 주민들은 자신의 소형보트를 이용한 생계형 어업에 종사하고 있다. 지리적 오지, 부족한 행정력, 법제도의 미흡으로 이들이 전적으로 의존하고 있는 어족자원이 불법 조업 등으로 남획되고 있어 어족자원 보전에 커다란 문제가 되고 있다. 또한 이곳에서 겨울을 지내는 쇠고래를 대상으로 고래관광업이 크게 성행하고 있으며 지역경제에도 커다란 도움이 되고 있다. 고객들의 요구와 좀 더 자극적인 장면을 관광객들에게 보여주려는 관광업자들의 과잉욕심과 경쟁 때문에 고래 관광선들이 고래에 너무 가까이 접근해 고래의 안전이나 심리상태에 부정적인 영향을 일으키는 문제가 대두되고 있다. 이같은 문제에 대해 고래에게 심리적 불안을 주지 않고 고래의 신변에 위협을 주지 않도록 하는 관광선 운영자들 사이의 가이드라인 설정과 시행이 필요하다.

(바) 도시화에 따른 문제

풍부한 어족자원, 급속히 팽창하는 고래관광업 등으로 산 카를로스는 최근 외부로부터 유입되는 인구가 급격히 증가하는 현상을 경험하고 있다. 인구증가는 막달레나 만의 어족자원을 고갈시키는 주요 원인으로 작용할 뿐만 아니라 이들을 위한 주택, 쓰레기, 상하수도 시설 등 위생시설 건설에 대한 압력으로 작용하는 도시형 환경문제도 함께 유발시키고 있다.

(사) 막달레나 만 지리 환경 관련 사진

사진 3. 사막

사진 4. 선인장 숲

사진 5. cardon 선인장

사진 6. 맹그로브 습지

사진 7. 맹그로브 숲

사진 8. 막달레나 만 쇠고래

사진 9. 바다거북

사진 10. 어촌 (푸에르토 막달레나)

(2) 사례개발

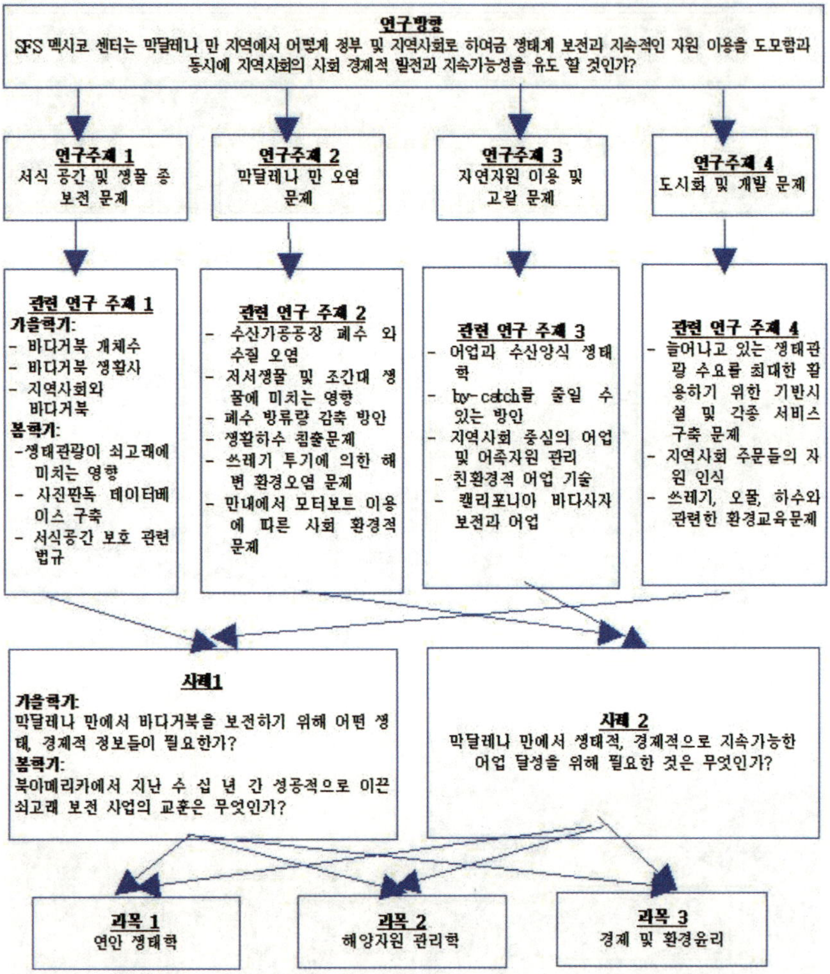

그림 4.7. 지역사회 환경문제로부터 사례연구 개발과 관련 연구 및 교육 프로그램 개발의 예

SFS 멕시코 센터는 이처럼 조그만 어촌 지역사회 산 카를로스가 안고 있는 환경 문제를 교육과 연구의 대상으로 삼고 환경교육 프로그램을 개발했다. 프로그램의 목적은 학생들을 위한 교육과 연구의 기회로 활용하는 것뿐만 아니라 궁극적으로 인구 3,200여명의 푸에르토 산 카를로스 지역사회에 환경적으로 긍정적인 변화를 유도하는 것이다. 즉 이 마을이 경제적으로 의존하고 있는 해양 수산자원을 지속가능하게 유지할 수 있도록 변화를 유도하고 이들의 삶의 질을 향상시키는 것을 목표로 한다. 이를 위해 두 가지 사례를 선정하고 이 사례를 중심으로 연구와 함께 체험적 교육을 실시하고 있다.

(3) 사례 연구 1: 막달레나 만 해양포유동물과 바다거북 보전 전략

1800년대 중반 미국과 유럽의 포경업자들은 북미 연안을 남북으로 이동하는 쇠고래들이 막달레나 만에서 새끼를 낳고 겨울을 지내는 것을 발견했다. 이후 쇠고래의 기름을 얻기 위해 바하 캘리포니아 반도 전역에 걸친 쇠고래 포경업이 성행했는데 당시 포획된 고래의 3분의 2가 막달레나 만에서 잡힐 만큼 막달레나 만은 포경업의 중심지였다. 1900년 무렵엔 고래의 수효가 급감하면서 포경업도 자취를 감추었다. 1900년대 초 멕시코 정부는 미국이 막달레나 만을 군사기동훈련 목적으로 이용하는 것을 허락하고 28대의 전함과 당시 화폐로 5백만 달러 상당의 군사 장비와 함께 1만3천명의 군대를 파견했다. 이는 막 회복하기 시작한 고래 개체수가 다시 줄어드는 결과를 초래했다. 1946년 국제포경위원회에서 고래잡이를 금지하는 결정을 내렸고 그 이후 북미 태평양 연안의 쇠고래 개체수는 원래 수준 (1만5천에서 2만 마리 수준)으로 회복된 것으로 알려지고 있다.

매년 알라스카까지 1만6천에서 1만8천 킬로미터에 이르는 대장정을 펼치는 쇠고래는 생태관광 자원으로서의 높은 경제적 가치를 지니며 많은 국제적 관심의 대상이 되고 있다. 북미대륙의 태평양 연안에서 고래관광은 그 수요가 급격하게 증가하고 있다. 바하 캘리포니아 반도에서 고래관람 생태관광은 고래에 대한 접근의 용이성 때문에 과거 포경업이 성행하던 막달레나 만, 산 이그나시오 (San Ignacio) 및 오호 데 리브레 (Ojo de Liebre)등 세 곳을 중심으로 현재 크게 번창 중에 있다.

포경업이 중단되고 쇠고래 개체수가 급격히 증가하면서 이 지역은 고래자원보전 노력의 성공사례로 간주되고 있지만 그렇다고 고래자원에 대한 위협이 완전히 사라진 것은 아니다. 고래관광선이나 다른 인간의 활동이 고래에 어떤 영향을 미치는지에 대해선 아직 거의 알려진 바가 없다. 단지 고래관광선이나 다른 선박들에 의한 교통으로 발생하는 소음이 위험요인으로 작용할 수 있으며, 수질오염, 대규모 산업적 조업활동, 만(灣)내의 상업적 개발행위, 고래의 이동경로나 출산 및 양육 서식공간의 침해 등이 있을 수 있다. 막달레나 만은 바하 캘리포니아의 태평양 연안에서 고래관광업이 성행하고 있는 3곳 중 아직까지 정식으로 보호지구로 지정되지 않은 유일한 곳으로 다른 지역보다 위험에 더 크게 노출되어 있는 상태다. 현재 이지역이 고래를 위해 좀더 안전한 지역이 될 수 있도록 많은 노력이 이루어지고 있는 가운데 제반 인간 활동이 고래에 미치는 영향을 정확히 파악해서 이러한 위험 요소를 제거하기 위한 연구가 진행되고 있다.

방파제같은 긴 섬들로 가로막혀 해양 동물들을 위해 안전한 피난처 역할을 하는 막달레나 만은 쇠고래가 새끼를 낳고 양육하는데 안전하게 보호받을 수 있는 곳일 뿐만 아니라 멸종 위기에 처해 있는 바다거북의 생장을 위해 매우 중요한 역할을 한다. 바하 캘리포니아 반도에서 바다거북이 알을 낳는 해변에 대한 보호는 크게 강화되었으나 생장과 발육을 위한 공간에 대한 보호는 지극히 미흡한 상태다. 현재 바다거북은 각 생장 단계마다 인위적 또는 자연적 요인에 의해 높은 사망률을 보이고 있다. 이 지역에서 바다거북의 고기와 알은 전통적으로 식용으로 이용되어 왔으며 조업과정에서 본의 아니게 그물에 걸려 잡히는 경우 (bycatch)도 빈번하게 발생하고 있다. 과도한 남획과 상업적 어업과정 중 발생하는 우발적

포획 등으로 막달레나 만에서 바다거북의 개체 수는 거의 절멸 수준으로 하락하고 있어 이의 보전을 위한 신중한 노력이 신속히 이루어져야 할 형편이다. 현재 바다거북의 개체 수는 한때 쇠고래가 겪었던 것과 유사한 수준으로 하락해 있다. 이 지역에서 바다거북의 개체 수 회복을 위한 노력과 방향은 지난 반세기 동안 쇠고래 개체수를 성공적으로 회복시킨 사례에서 찾을 수 있을 것으로 보인다.

(가) 질문형식으로 표현한 사례 1

- "멕시코의 성공적 쇠고래 보전 경험의 교훈은 무엇인가?"
- "해양생태계의 장기적 건전성을 보장하기 위해 취해야 할 절차에는 어떤 것이 있는가?"
- "막달레나 만의 쇠고래와 바다거북을 보호하기 위해 필요한 사회경제적 정보에는 어떤 것들이 있는가?"

(나) 사례 1과 관련한 이해집단

- 산 카를로스 주민 (People of Purerto San Carlos)
- 연방정부 수산청 (National Institute of Fisheries)
- 주정부 어업진흥청 (State Department of Fishing Promotion)
- 어업 협동조합 (Fishing Cooperatives of Estero Banderitas)

(다) 사례 1을 통한 학습 목표

- 현지의 환경문제에 대한 좀더 명확한 이해와 해결을 위해 다음과 같은 주제들을 생태계 경영 및 보전 생물학 관점에서 다룬다: 해양 포유동물 및 바다거북 자연사 (自然史), 해양동물 습성, 과거와 현재 해양포유동물과 바다거북의 개체수에 위협 요소, 고래관광 및 바다거북 포획과 관련한 환경규제 및 경제성 평가.

- 과거 생물종 보전노력 및 개체 수 회복 탐구 (쇠고래를 중심으로)
- 멕시코의 신 환경정책 및 규제가 자연보전 노력에 미치는 영향
- 해양포유동물 보전노력에 대한 국내외 역사
- 환경의식 향상과 문화적 가치관의 중요성
- 자연보전에 있어서 생계형 어업 종사자들의 역할
- 지역사회의 정치, 경제, 사회, 문화적 배경과 환경문제 해결에 미치는 영향
- 어업에 대한 대체산업으로서 부상하고 있는 생태관광의 대상을 고래 외에 바다거북을 추가할 경우의 시장 잠재력

(라) 사례 1 연구에 필요한 교과목 및 학습내용

1) 연안 생태

과목 개요

자연자원과 자연보전 관리 책임자들은 생태적으로 건전하고 지속가능한 의사결정을 하기 위해서 자연생태계에 대한 기본적인 이해를 갖추지 않으면 안된다. 따라서 이 과목에서는 생태적 기본 원리를 검토하고 학생들에게 인간과 자연환경간의 관계를 연구하는데 필요한 배경지식을 제공하고자 한다. 연안 생태과목에서는 1) 연안 환경 2) 복잡하게 얽혀 있는 육상 생태계와 해상 생태계 간의 관계 3) 인간 활동에 의한 교란이 양쪽 생태계에 어떤 영향을 미치는지에 관한 이해를 돕기 위해 육지와 바다간의 생태적 상호작용에 관한 내용을 다룬다. 이를 위해 양분이동, 에너지 흐름, 해류 순환, 생산성 및 생물학적 상호작용과 같은 개념을 통해 막달레나 만의 생태계를 탐구한다. 현장실습을 통해 학생들은 복잡한 물리화학적 환경에서 생물학적 상호작용의 연구는 물론 생태학적 조사 및 모니터링과 같은 현장조사기법을 함께 익히게 된다. 막달레난 만에서 특정 오염배출원이 조간대 생물에 끼치는 영향과 그에 따라 만에 서식하는 해양포유류 동물들에게 미치는 잠재적 영향에 대해 현장조사 기법을 이용해

연구한다.

1강: 사례 1 생태학 소개
2강: Packard Water Quality 연구조사 개요 (현장실습)
3강: 연안생태학 기초
4강: 쇠고래 자연사
5강: 쇠고래 연구 조사 방법: 사진을 이용한 식별법 (현장실습)
6강: 자연사 주제 발표 및 생태학 세미나 소개
7강: 막달레나 만 생태계
8강: 바다거북 생활사
9강: 바다거북 포획, 인식표 부착, 재포획 (현장실습)
10강: 맹그로브 숲 생태 (현장강의)
11강: 바다거북 폐사율, 폐사원인 (현장실습)
12강: 개펄 사파리: 개펄생태 및 조간대 생물 식별 실습 (현장실습)
13강: 보전생물학 1
14강: 바다거북 먹이 및 식습성
15강: 사례1 총 정리 및 종합토론

2) 자연자원관리

과목개요

이 과목에서는 연안 및 해양 자원을 관리하는데 사용되는 여러 가지 방법들을 다룬다. 여러 가지 실제 예를 통해 연안 및 해양자원관리 및 보전을 위해 기초가 되는 이론과 방법들을 익힌다. 또한 토지관리 실태와 연안지역의 토지이용계획도 함께 다룬다. 이들은 막달레나 만과 푸에르토 산 카를로스 마을의 장기적 건전성과 복지향상을 위해 결정적인 역할을 하기 때문이다. 바다거북과 같이 해안근처에 서식하는 해양동물들을 보전하기 위해서는 이들의 서식공간인 해양생태계를 충분히 잘 이해할 필요가 있다. 또한 지역주민들의 활동, 이해관계, 문화 및 지역주민들의 희망과 기대 등도 이 지역에서 효율적인 자원관리를 위해 절대적으로 필요하다. 이런 관점에서 이 과목에선 어업, 해양포유류를 바탕으로 한 생태관광업, 멕시코에서 바다거북 보전, 서식공간 파괴 및 수산 양식 및 그에 따른 문제들을 다룬다. 막달레나 만에서 과도한 자연자원 채취와 푸에르토 산 카를로스 마을의 급격한 도시화에 따른 복잡한 문제들을 이해시키기 위해 구체적이고 실질적인 많은 접근방법들이 사용된다. 그같은 접근 방법에는 종합연안지역 관리 (ICZM, Integrated Coastal Zone Management), 지속가능한 발전을 위한 지침, 어업경제, 어족자원 파악 모델, 환경영향 평가, 위험평가, 자원관리 기법, 보호지역 계획 및 관리, 손익 분석 방법 등이 포함된다.

학습목표

다음과 같은 내용을 이해 또는 탐구 한다.

- 막달레나 만 지역에서 쇠고래 보전을 위한 노력
- 멕시코의 환경정책과 규제제도가 보전노력에 미치는 긍정적인 영향
- 환경의식을 결정하는데 있어서 문화적 가치관의 중요성
- 환경보전에 있어서 어부들의 역할 평가 및 이해
- 고래관광에 바다거북도 포함시키는 것에 대한 잠재적 경제적 가치 평가
- 막달레나 만에서 대규모 및 소규모 어업에 대한 경제, 사회 문화적 중요성 비교
- 소규모 어업이 막달레나 만에 미치는 영향
- 기존 어업관리체계상의 문제점들
- 자원경제학적 방법을 이용한 만내 자연자원 관리
- 푸에르토 산 카를로스에서 어업을 대체할 경제적 대안

학습 내용

1강: 사례1 자연자원 관리학 소개

2강: 해양수산 자원 관리 기초

3강: 멕시코의 해양수산 관련 법제도 및 정책

4강: 막달레나 만의 고래관광업 조사 (현장실습)
5강: 막달레나 만의 대체 수산업으로서 조개류 양식업 (현장실습)
6강: 새우잡이 및 bycatch (우발적으로 잡힌 다른 어종)에 따른 문제점 (현장강의)
7강: 멕시코의 바다거북 보전 현황
8강: 막달레나 만 생태관광의 사회경제적 분석
9강: 막달레나 만 게 (blue crab)잡이 현장실습
10강: 멕시코의 고래관광관련 규제 및 법제도
11강: Estero Banderitas 서식환경 분석 및 평가 현장실습
12강: 어업관리 전략 학생발표
13강: 해양보호지구지정 계획 평가 및 분석
14강: 사례1 총 정리 및 종합토론

3) 경제 및 환경윤리

과목개요

해양자원 및 자연자원을 보전하고 지속적으로 활용하기위해서는 자원 그자체의 관리만을 필요로 하는 것이 아니라 그것을 이용하는 이용자나 주민들이 이러한 자원을 이용하는 방법과 그들의 자원에 대한 인식도 매우 중요하다. 이같은 이유 때문에 이 과목에서는 자원이용, 생태계보전, 및 환경악화와 관련한 인간 측면의 문제를 집중적으로 다룬다. 현재 사회, 경제, 문화, 정치적으로 복잡하게 얽혀 있는 환경문제를 풀고 향후 환경정책이나 계획 수립에 인간사회의 시각에서 문제를 접근하는 능력을 배양하기 위함이다. 따라서 이과목은 지속가능한 발전을 위한 사회학적 성격의 과목이다. 이 과목에서는 막달레나 만 주위의 자연자원을 효율적으로 관리하기 위해 필요한 여러 가지 사회적 측면의 장애와 난관을 다룬다. 예를 들어 초기 백인 정착자들이 이곳에 정주하면서 참여하게 된 각종 경제활동의 사회경제적, 역사적 발전과정을 소개한다. 이 과목에서는 또 바하 캘리포니아 지역 중 특히 막달레나 만 지역 특유의 환경문제와

자연자원 관리문제를 집중적으로 다룬다. 이 과정에서 현재 자원을 식용이나 경제적 이익을 위해 채취하고 가공하고 있는 방법이 지속가능한 방법인지를 분석한다. 이 과목에서는 또한 계절적으로 나타나는 쇠고래를 이용한 생태관광업 운영자들이 쇠고래에 접근과 관련한 윤리적 문제도 함께 다룬다. 윤리적 문제와 관련해 지역주민들의 의사나 희망이 반영되지 않은 채 결정된 정책이나 계획이 지역주민들에게 시사하는 의미 등을 분석한다. 이를 위해 학생들은 민족학, 갈등해소법, 환경영향 평가 방법 등의 기법을 익히며 지역 내 환경보전과 환경의식을 향상시키기 위한 수단으로 주역주민을 상대로 한 환경교육과 홍보활동도 실시한다. 지역사회나 주민들을 좀더 잘 이해하기 위해 푸에르토 산 카를로스 마을을 방문하고 주민들을 만나보며 각종 사회문화적 활동에도 참여한다. 어업에 전적으로 생계를 의존하고 있는 어촌마을 또한 방문하여 이들이 처해 있는 사회 경제적 현실을 파악한다. 사례 2 연구기간 중에는 인근에 위치한 참치 정어리 가공 공장과 수력발전소 및 기타 지역 내 주요 경제활동 현장을 방문한다. 이들은 모두 막달레나 만의 해양오염의 주 원인이 되고 있는 시설들이다. 대안을 모색하는 사례 2 연구기간 중에는 어업을 대체할 수 있는 참치 양식장을 방문하여 양식과정, 경제성, 양식에 따른 지역사회에 돌아갈 경제적 혜택 등을 알아본다. 프로그램 기간 중 학생들은 조직적인 토론에 참여해 이해당사자의 역할을 수행하는 역할극을 통해 그들의 입장에서 토론을 벌인다. 토론의 주제는 현재 문제가 되고 있는 멕시코 연방정부의 Nautical Step Project (바하 캘리포니아 반도를 일주하고 본토와 연결시키는 해상 육상 교통망 건설 계획), 해양포유류 동물의 감금과 관련한 문제, 수산양식과 관련한 문제 놓고 정해진 각 이해 당사자의 입장에서 토론을 벌인다.

학습목표

- 막달레나 만 지역의 해양자원 이용 역사
- 적응수산자원경영
- 갈등해결 및 인터뷰 기법

- 자연보전 및 복구 노력과 성패
- 고래관광이 사회경제적으로 시사하는 의미
- 생태계 경영 및 보전 생물학 측면의 해양 포유류 및 바다거북이 처한 위협 분석
- 바다거북 및 해양 포유류 자연사
- 고래관광 및 바다거북 포획과 관련한 환경법 및 경제성 분석
- 자연보전과 어부들의 역할
- 지역사회의 사회, 경제 및 문화적 배경과 현실이 환경문제 해결에 미치는 영향
- 고래관광에 바다거북 관광을 포함시키는데 따르는 문제
- 환경정책이나 환경규제를 결정하는데 있어서 문화적 가치관의 역할

학습내용

1강: 푸에르토 산 카를로스 마을 견학 (현장실습)
2강: 사례 1 소개
3강: 사례 1 중 경제 및 환경윤리 부분 소개 - 과목개요 및 필독 논문
4강: 민족지학 (民族誌學, ethnography), 인터뷰 방법
5강: 센터 5개년 연구계획
6강: 바다거북의 전통이용 방법
7강: 막달레나 만의 지속가능한 발전
8강: 막달레나 만의 조류 보전 이니셔티브
9강: 바하 캘리포니아의 자연보전 문제
10강: 바하 캘리포니아 역사
11강: 막달레나 만의 바다거북 수요와 공급
12강: 사막자원 전통이용 지식
13강: 생태관광의 장단점
14강: 고래관광의 사회적 경제적 파급효과
15강: 해양포유동물 감금과 관련한 문제
16강: 총정리 및 종합토론

(마) 사례 1 관련 사진

사진 11. 맹그로브 생태학 현장 강의

사진 12. 바다거북 포획 후 데이터 입력

사진 13. 바다거북 계량

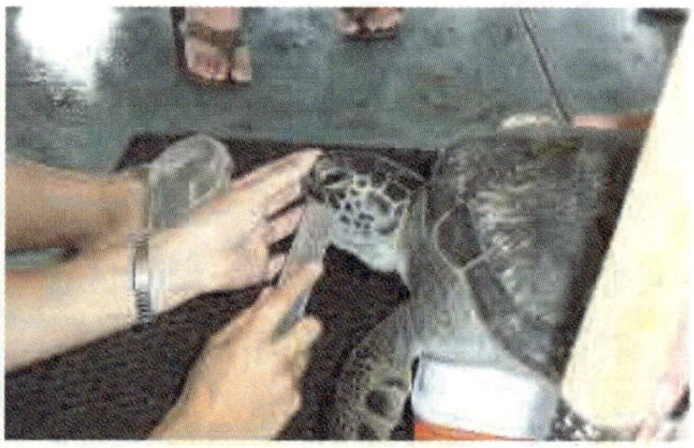

사진 14. 신체 부위 계량

사진 15. 계량 후 놓아주기

사진 16. 쇠고래 사진 판독 현장 실습

사진 17. 수면위로 나타난 쇠고래

사진 18. 물속으로 다시 잠수하는 쇠고래

(4) 사례 연구 2: 남획과 해양오염에 따른 막달레나 만 어족자원관리 문제

센터가 위치한 막달레나 만은 역사적으로 물고기, 어패류, 갑각류 등 풍부하고 다양한 어족자원의 원천이었다. 그러나 최근 과도한 어획, 파괴적 조업 방법, 하수나 오폐수로 인한 오염 등으로 인해 새우, 전복, 바다가재 가리비조개, 지느러미 달린 물고기 등 상업적 가치기 높은 어족자원들의 어획고가 크게 줄어들고 있다. 소규모 생계형 어업은 75%의 지역주민이 생계수단으로 삼고 있는 매우 중요한 산업이다. 이지역에서 어업이 차지하는 절대적인 중요성에 비해 막달레나 만의 해양생태계나 어족자원의 지속가능한 이용에 대한 연구는 거의 전무한 상태이다.

현재 각종 위협 요소들로부터 막달레나 만의 생태계를 보호하기 위해서 여러 가지 조치가 취해지고 있다. 인근 수산물 가공공장에서 배출되는 오폐수를 생물정화기술 (Bioremediation)을 통해 정화시킨 후 배출시킴으로써 만의 생태계를 부영양화 시키는 물질의 유입을 감소시키는 노력이 이루어지고 있다. 어획량을 감축시키고 어획방법을 개선하고, 고래관광이나 수산양식 방법의 도입으로 전통적 채취 중심의 어업경제를 친환경적 비채취적 어업구조로 전환시키려는 노력 또한 진행되고 있다. 고래관광은 특히 봄철 성수기에는 지역경제에 매우 중요한 산업으로 부각되고 있으며 막달레나 만을 수산양식장으로 활용하려는 계획이 지방 정부에 의해 속속 진행되고 있다.

두 번째 사례를 통해 수질오염이 개별 생물종들의 일이차 생산과 바닷물의 양분순환에 어떤 영향을 미치는지에 대해 연구 조사하며, 부영양화가 만(灣)내의 해양생태계의 생산성과 기능에 어떤 영향을 미치는 지에대해서도 함께 연구한다. 만으로 유입되는 오염물질을 감축시키기 위해 실현가능한 대안을 검토하기 위해 환경규제와 관련한 기존의 법제도, 만을 끼고 있는 지역의 사회적 경제적 구조와 현장조사를 통해 수집한 데이터를 활용한다. 이기간 중 만내에서 기존의 소규모 또는 대규모의 어업활동을 대신 할 수 있는 어업관리 전략을 모색한다. 여기에는 어종이나 어족자원의 크기를 파악하기 위해 실제 어획량과 어종에 대한 표본 조사가 포함된다. 조사대상 어종은 상업적 가치가 높은 어종으로 새우, 게, 전복, 우럭, 바다가재, 가리비 조개 등을 포함한다. 또한 소규모 자영 어부들을 대상으로 인터뷰를 실시해 어획장비나 기술의 변화와 그들의 유용성, 지역 어업관리를 위한 방편으로 도입한 어업협동조합의 기능과 역할 등에 관한 질적 정보를 수집한다. 이와 함께 최근 수십 년 동안 지역 내에서 자생적으로 일고 있는 전통 또는 민간 어업관리 방식도 인터뷰를 통해 조사한다. 아울러 생태관광 및 수산양식과 같은 대체산업의 도입의 현실성과 이에 따른 경제적 득실분석도 필요하다. 또한 만의 생태계와 해양자원의 장기전 보전을 위해 최근 많은 나라에서 도입하고 있는 “해양보호지구”(Marine Protected Area) 지정의 타당성과 그에 따른 득실을 검토할 필요가 있다.

(가) 질문형식으로 표현한 사례 2

- “어떻게 막달레나 만의 어족자원과 어업을 지속가능하게 유지할 것인가?”
- “어업을 대신 할 수 있는 경제적 대안은 무엇인가?”

- "산 카를로스 마을과 현지 수산 가공 공장 등에서 배출되는 폐수가 막달레나 만의 수질과 해양생태계에 미치는 영향은 어느 정도인가?"
- "해양오염이 지역경제의 생산성에 미치는 영향은 어느 정도 인가?"
- "막달레나 만의 해양수산자원을 지속가능한 형태로 이용하기 위해 필요한 것은 무엇인가?"
- "해양보호지구 (Marine Protected Area)의 타당성 및 경제 사회적 득실은 무엇인가?"

(나) 사례 2 연구와 관련한 이해집단

- 해양과학 종합연구소 (Center for Interdisciplinary Marine Sciences)
- 남 바하 캘리포니아 자치 대학 (Autonomous University of Baja California Sur)
- 환경 천연 자원부 (Secretary of Environment and Natural Resources)
- 미국 샌디에고 대학교 (University of San Diego, USA)
- 어업협동조합 (Fisheries Cooperative)
- 고래관광 및 생태관광업자 (Whale Watching and Tourism Industry)
- 산 카를로스 주민 (People of Puerto San Carlos)
- 코몬두 군 정부 (County Government of Comondu)

(다) 사례 2를 통한 학습 목표

- 양분순환, 일차 이차 생산에 영향을 미치는 요소들, 부영양화, 오염 등이 수생 생태계에 미치는 영향, 오염물질이 개별 생물종에게 미치는 영향에 대한 기본적 지식 습득
- 환경영향평가 기초 이해

- 막달레나 만에서 대규모 및 소규모 조업의 경제, 사회, 문화적 중요성 비교 평가
- 소규모 조업이 만(灣)에 미치는 영향
- 현재 적용되고 있는 멕시코 정부의 어업관리제도 이해
- 만(灣)내의 자연자원을 관리하기 위해 자원경제학적 접근방법 응용
- 산 카를로스 지역에서 어업을 대체할 수 있는 대안 모색

(라) 사례 2 연구에 필요한 교과목 및 학습내용

1) 연안 생태

1강: 사례2 생태학 소개
2강: 바위해안 (rocky shore) 현장실습
3강: 해양생태계의 먹이사슬과 먹이망
4강: 연안생태학 세미나 학생 발표
5강: 잘피 (seagrass) 생태학 (현장실습)
6강: 코테즈 해 (Sea of Cortez) 필드트립 준비과목: 코테즈 해의 해양포유동물 다양성
7강: 코테즈 해 바위 암초 생태학 (현장실습)
8강: 부영양화와 해양오염
9강: 바다거북 사체 찾기 및 폐사원인 조사 (현장실습)
10강: 소규모 및 대규모 수산양식의 장단점
11강: 어족자원 동태학: 생장, 번식 및 폐사
12강: 사례 2 정리 및 종합 토론

2) 자원관리

1강: 사례2 자원관리학 소개
2강: 막달레나 만의 소규모 어업

3강: 대규모 어업, 바하 캘리포니아 남부 및 막달레나 만을 중심으로
4강: 어업장비, 어망 종류 (현장실습)
5강: 멕시코의 공원, 보존지구 및 생물권 보존지구 현황
6강: 어로기술을 통한 bycatch 감축 가능성
7강: 막달레나 만에서 대 소형 수산양식업의 장단점
8강: 막달레나 섬의 어족자원 협동관리 (co-management) (현장실습)
9강: 에스피리투 산토 (Espiritu Santo)섬의 자연자원 보호 및 관리
10강: 사례 2 총정리 및 종합토론

3) 경제 및 환경윤리

1강: 사례 2 중 경제 및 환경윤리 부분 소개
2강: 현지산업체들의 경제적 환경적 중요성 (현장실습)
3강: (환경운동) 행동주의
4강: 경제적 사회적 영향 평가
5강: 필드트립: 로레토 (Loreto) 만의 지역참여 사례
6강: 예수회의 바하 선교역사 (로레토 선교단 및 박물관 탐방)
7강: 자연보전을 위한 수단으로서의 환경교육 (현장실습)
8강: 분쟁 및 갈등해소 기법
9강: 토털 캐피탈 모델 (Total Capital Model)
10강: 성차별 문제 - 환경보전과 여성
11강: 푸에르토 산 카를로스에서 대체어업 전망
12강: 수산양식 토론
13강: 막달레나 섬 이해집단들의 견해차
14강: 공동체의 비극 (외부강사)
15강: 바다사자와 어업간의 관계
16강: 사례 2 총정리 및 종합토론

(마) 사례 2 관련 사진

사진 19. 해변에서 죽은 거북 조사

사진 20. 거북 무덤 조사

사진 21. 죽은 거북 계량

사진 22. 해양보호지구 후보지 (맹그로브 습지)

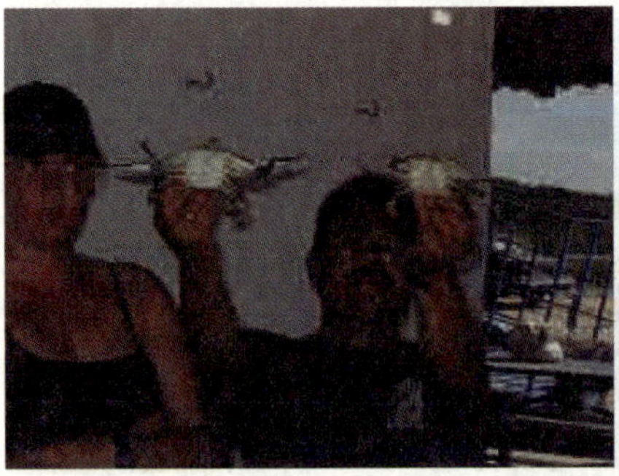

사진 23. 막달레나 게 조사 및 암수 식별 실습

사진 24. 지역사회 봉사활동

사진 25. 바다거북 이벤트

사진 26. 지역사회 초등학생 환경교육

(5) 연구조사

학기 중 연구 조사 과목은 멕시코 센터가 수립한 5년의 장기 연구계획에 의거한다. 따라서 매학기 학생들은 5년 연구계획에 따른 조금씩 다른 내용의 연구에 참여하게 된다. 연구프로젝트는 센터가 독자적으로 결정하는 것이 아니라 지역사회의 이해집단이나 막달레나 만을 연구 장소로 이용하고 있는 멕시코 현지 대학 연구팀이나 미국 또는 국제적 기관의 연구팀들의 관심이나 우려를 반영하여 결정하는 것이 대부분이다. 이를 위해 멕시코 센터의 경우 지역사회 이해단체, 수산청 등 지방 정부기관, 지역대학 연구팀, 막달레나 만을 연구대상지로 삼고 있는 미국대학 연구팀 등으로 구성된 연구자문위원회를 구성하고 이들과 협의하여 5년의 장기 연구 주제와 방향을 결정하였다. 일단 연구주제와 방향이 결정되면 이같은 연구기회를 교육용 목적으로 최대한 활용하기 위해 사례를 개발하고 그에 맞는 교과목 내용을 결정한다.

(6) 수행중인 연구 과제

(가) 사진판독에 의한 막달레나 만 쇠고래 식별 및 분포 형태

동태평양에 서식하는 쇠고래는 바하 캘리포니아 해안선을 따라 있는 석호 (潟湖, lagoon)에서 겨울을 나고 짝짓기 및 새끼를 출산한다. 막달레나 만은 바하 캘리포니아에서 3번째로 중요한 쇠고래 출산 및 수유 지역임에도 불구하고 다른 두 지역 (Guerrero Negro, San Ignacio)처럼 유엔의 생물권 보호지구로 지정되지 않은 위태로운 상태로 존재한다. 세 곳 모두 고래관광이 성행하고 있고 최근 10년 동안 고래관광 수요는 폭발적으로 증가하였다. 각각의 고래가 서식활동 중 특정지역을 선호 또는 집착하는 것을 입증하는 일은 개개의 고래가 지니는 거주습성을 파악하는데 매우 중요한 정보를 제공한다. SFS 멕시코 센터의 장기 연구계획과제 중 하나는 고래들의 습성을 연구하여 이들의 보전을 도모하는 것이다. 이 연구과제는 이같은 관점에서 출발했으며 쇠고래자원의 관리와 관련한 정보를 제공한다. 사진판독에 의한 연구방법은 이분야에서 널리 쓰이고 있는 효과적인 연구방법으로 쇠고래 개체수 구조에 대한 정보 뿐 만 아니라 사회조직 및 특정 연구대상 개체의 움직임을 물리적 손상 없이 추적 조사하는데 매우 유용하게 쓰이는 방법이다. 이 연구 방법은 현재 캐나다와 미국에서 쇠고래 관찰에 널리 쓰이고 있으며 멕시코의 다른 쇠고래 서식공간에서 활용되고 있다. 멕시코 센터에서는 1997년에서부터 1999년 사이 막달레나 만의 쇠고래에 대한 사진판독, 분포, 개체수 등을 조사한바 있다. 이 연구는 막달레나 만의 가운데를 가로지르는 가상의 횡단선을 설정한 다음 이 선을 표본 공간으로 삼아 데이터를 수집한다. 현장조사는 매 봄 학기 쇠고래가 이지역에 출몰하는 기간 중 적합한 날씨를 골라 최소한 16일 동안 진행된다. 16일 중 8일은 분포와 관련한 데이터 수집에 사용한다. 같은 횡단선을 반복해서 조사한다. 나머지 8일은 사진촬영 및 판독에 관련한 데이터를 수집하는데 사용한다. 분포 테이터와 사진판독 테이터 수집은 서로 번갈아 가며 실시한다. 이미 설정된 횡단선은 각각 Estero, Northern Loop, Margarita Island 등의 이름을 붙여 쓰고 있다. 횡단선을 따라 정확하게 이동하며 관찰하기 위해 GPS (위성 위치 추적 조사 장비, Global Positioning System)를 이용해 정확한 출발점과 종착점을 확인한다. 현장 조사에는 25 피트의 소형 모터보트를 이용해서 9 노트의 속도로 이동하며 학생들은 배안에서 세 가지 방향을 응시하며 관찰한다. 고래를 발견할 경우엔 사진촬영과 함께, 발견 지점, 방향, 시각 등의 데이터를 기록 한다. 수집한 데이터는 출산 및 수유기간 중 막달레나 만의 각 쇠고래 개체들에 대한 사진 자료 데이터베이스의 일부로 남겨지게 된다. 수집한 자료는 분석을 통해 막달레나 만 쇠고래 보전 전략 및 관리를 위한 정책 대안을 제시하여 담당 정부기관인 멕시코 연방정부 자연자원 부에서 활용할 수 있도록 한다.

(나) 통조림 공장 폐수 배출과 산 카를로스 하수 배출에 따른 막달레나 수질과 잘피 등 해초류에 미치는 영향

막달레나 만은 태평양 쪽으로 형성된 기다란 모래 사구가 방파제 역할을 하면서 사구 안쪽을 마치 거대한 호수 (潟湖, lagoon)같이 만들고 있다. 만의 평균 수심은 20미터가 채 되지 않으며 강한 바람과 해류의 영향으로 바닷물이 정체되어 있지 않고 잘 섞이고 순환되는 특징을 지닌다. 태평양 쪽으로 뚫려 있는 만의 입구는 최대 수심이 38미터 이다. 만은 다른 곳과 달리 생산성과 양분이 매우 높은 상태를 유지한다. 그 이유는 지형적 영향, 해안가에 서식하는 광대한 면적의 맹그로브 숲 그리고 가장 중요한 현상은 양분을 많이 포함하고 있는 수면 밑의 바닷물이 만 안으로 유입되기 때문이다. 산 카를로스는 만의 북쪽에 위치하고 있으며 만에서 수심 깊은 쪽으로 형성된 수로를 이용해 큰 배들이 만 안으로 들어올 수 있다. 산 카를로스 도시를 에워싸고 있는 만의 수심은 5미터 이하로 매우 얕고 바다 밑은 모래바닥으로 형성되어 있으며 끝없이 펼쳐진 맹그로브 숲이 도시 주위를 감싸고 있다. 어업은 산 카를로스에서 가장 중요한 산업으로 경제활동의 70%를 차지한다. 1960년대부터 가동하고 있는 참치, 정어리, 양식 물고기 사료 가공 공장은 이 마을에서 최대의 고용주이다. 이 공장에서 배출되는 대량의 폐수는 기준 이하의 수질 상태에서 배출되어 산 카를로스를 둘러싸고 있는 바닷물로 유입된다. 만 전체는 대체로 비교적 오염되지 않은 청결한 상태를 유지하고 있는 반면 이 수산가공 공장에서 배출되는 폐수와 산 카를로스 마을에서 배출되었다가 바다로 용출되는 생활하수는 산 카를로스 주위의 바닷물을 오염시켜 건강에 커다란 위협이 되고 있다. 현재 산 카를로스를 둘러싸고 있는 바다의 조간대나 수심이 얕은 바닷물에서 많은 양의 바다상추(sea lettuce)가 발견되고 있는데 이는 환경오염 정도를 측정하는데 쓰이는 지표 생물로 주변의 바다가 현재 과다한 유기물에 의한 오염 상태에 있음을 입증해 주는 것이다. 또한 인근 해변이나 수심이 낮은 바닷가에서는 배설물에서 발견되는 대장균이 높은 수치로 함유되어 있는 것이 발견되고 있는데 이는 산 카를로스 마을의 정화조에서 방출된 하수가 침출되어 바다로 유입된 것으로 가정된다. 수산 가공공장에서 배출되는 폐수는 높은 생물학적 산소 요구량 (BOD)을 필요로 하기 때문에 바닷물속의 산소를 감소시켜 물고기들이 살수 없도록 만든다. 수심이 낮은 해안가에는 잘피 같은 해초류들이 서식하는데 조류에 실려 온 폐수의 영향으로 섬유상의 해조류(filamentous algae)들이 잘피 서식지를 점령하는 현상이 나타나고 있다. 공장 폐수의 지속적인 유입은 생태적으로 매우 중요한 잘피의 보전에 심각한 위협이 되고 있다. 과거의 데이터와 비교해 보면 현재 공장에서 배출되는 폐수의 영향이 심각하다는 것을 분명히 알 수 있다. SFS 멕시코 센터는 Lucile & Packard 재단으로부터 연구비를 지원 받아 다음과 같은 연구 과제를 수행하고 있다.

(1) 수산가공공장에서 배출되는 폐수가 막달레나 만의 수질과 저서생물, 조간대 생물 및 연안생태계에 미치는 영향을 무엇인가?
(2) 산 카를로스 마을에서 배출된 오폐수가 침출된 후 해안선에서 어떤 형태로 나타나는가?
(3) 수산 가공공장으로부터 방류되는 폐수를 줄일 수 있는 경제적이고 실질적인 대안에는 어떤 것들이 있는가?

위의 연구를 수행하는 학생들은 매월 산 카를로스 앞바다에 설정한 15개 지점에서 물리, 화학, 생물학적 수질 데이터 (수온, 혼탁도, 용존산소량, 암모니아, 염분 농도를 현장에서 측정하고 샘플을 채취해 실험실에서 질소, 인, 염소 및 대장균 농도를 측정)를 수집한다. 수산물 가공 공장 남쪽에 위치한 해변에서 잘피가 자라고 있는 면적과 잘피로 덮여 있는 면적 그리고 그 중에서 해조류로 덮여 있는 비율 등을 조사한다. 연구결과는 수산가공공장으로부터 배출되는 폐수가 막달레나 만의 수질과 산 카를로스 시 주위의 잘피 서식공간에 미치는 영향을 분석하여 보고하는 형태를 취한다.

(다) 막달레나 만에서 소규모 가리비 조개 양식업의 경제성 분석

막달레나 만내에 위치하고 있는 마을들은 천연자원에 의존하고 있으며 전체 인구의 3분2 이상의 가계 수입이 어업으로부터 창출되고 있다. 푸에르토 산 카를로스의 인구 증가율은 최근 매우 빠른 속도로 늘어나고 있어 수산자원의 고갈을 방지하고 어업 종사자들이 더 이상 늘어나지 않도록 하기위해 대체 어업의 필요성이 시급히 요구되고 있는 상태이다. 수산양식이 대안으로 떠올랐으나 개발도상국의 연안지역에서 지속가능한 발전을 위해 기여할 수 있을지에 대해선 매우 회의적이다. 소규모 조개 양식이 생태계에 미치는 환경적 영향은 그다지 높지 않다. 수산양식은 노동집약적이며 고가의 기술이나 장비를 필요로 하지도 않기 때문에 산 카를로스 지역사회가 쉽게 받아들여 응용 할 수 있는 기술이다. 지난 2년 동안 막달레나 만에서 가장 큰 맹크로브 해역인 에스테로 산 부토에서 사자 발 가리비 조개 (Lion′s paw scallop, *Nodpecten subnodsus*)를 시험 양식을 해오고 있다. 이 가리비 조개는 생장이 매우 빠를 뿐만 아니라 국내 및 해외시장에서 고가에 팔려 경제적 가치가 높다. 시판 될 수 있는 크기인 100-120mm 크기로 자라는데 2년이 채 걸리지 않는다. 그러나 문제는 이 조개를 막달레나 만에서 양식하는 것이 과연 경제성이 있을까 하는 점이다. 이와 함께 또 다른 문제는 어떤 양식 기술 또는 여러 가지 기술 중 어떤 것을 선택적으로 활용해야 가장 경제적 인지 하는 점이다. 이같은 문제에 답 하려면 우선 여러 가지 다른 조건하에서 가리비 조개가 시판될 크기로 자랄 때까지 걸리는 정확한 기간과 그때까지 폐사하지 않고 살아남는 개체수가 얼마나 되는지를 파악하는 것이다. 끝으로 비용손익 분석을 통해 서로 다른 시장에서 최종 시장가를 결정하고 그에 따른 마케팅 방안을 연구할 필요가 있다.

(라) 막달레나 만에서 고래관광과 관련한 제 활동의 사회경제적 영향 분석

매년 1월부터 4월까지 수많은 쇠고래들이 막달레나 만, 알매하스 만, 산 이그나시오, 라구나 오호 데 리에브레 등 바하 캘리포니아 남부의 해안선을 따라 난 여러 만과 석호로 찾아온다. 국립수산 연구소와 라파즈 소재 지역 수산연구 센터 등에서 오래전부터 이곳에서 겨울을 나는 쇠고래에 대해 관심을 갖고 연구를 해오고 있다. 또 멕시코에서 겨울을 나는 쇠고래를 보호하기 위해 각종 법과 규제가 만들어졌다. 생태적 균형과 환경보호 일반법, 어업법, 생태적 균형과 환경보호를 위한 남 바하 캘리포니아 주법 등이 그 예이다. 이같은 법과 연방정부의 규제에 따라 허가를 받은 관광업자만이 내국인 또는 외국인 관광객들을 위한 고래관광 목적의 선박 운행을 할 수 있도록 했다. 고래관광은 지역경제를 위해 중요한 활동이 되었지만, 고래관광이 산 카를로스와 막달레나 만에 경제적 혜택을 갖다 주는지 여부는 알려진 바가 없다. 또한 고래관광업자들을 대상으로 한 사회 경제적 데이터나 연구도 전무한 상태이다. 고래관광 활동 규제에 대한 분석과 이같은 활동의 사회경제적 측면의 분석은 고래관광업의 건전한 발전과 관리를 위한 기초가 되는 정보이다. 고래관광업의 경제적 중요성에 대해 좀더 잘 이해하는 것은 지역사회 발전을 위해 매우 중요한 일이다. 이 연구의 조사 내용은 다음과 같다.

(1) 관광가이드, 관광회사 및 관광객들로부터 사회경제적 데이터를 수집
(2) 지역 내 주요 고래관광 회사를 대상으로 한 직접 인터뷰
(3) 사회경제 데이터 분석
(4) 바하 캘리포니아 지역의 고래관광 서비스 공급 능력 추정
(5) 푸에르토 산 카를로스에서 고래관광 활동에 의해 창출되는 경제적

이득 추정

(마) 막달레나 만 바다거북 보전

막달레나 만은 바다거북 (Green Turtle)이 새끼를 낳고 수유하는 서식공간이다. 바다거북의 고기와 알은 멕시코 연안의 어촌 주민들이 전통적으로 식용으로 사용해 왔다. 이 때문에 바다거북은 자연 폐사율과 함께 인위적인 이유 때문에 그 개체수가 크게 줄어들고 있다. 바다거북은 산 카를로스에서 어부들에 의해 여전히 우발적으로 그물에 걸리거나 고의로 잡고 있기 때문에 그 보전에 커다란 위협이 되고 있다. 멕시코 정부가 1990년부터 바다거북 포획을 금지시킨 것을 물론 어선의 그물에 걸린 거북의 신체 어느 부분도 식용으로 사용할 수 없도록 하였지만 현재까지 바다거북의 보전성과는 그다지 높지 않다. 그동안 바다거북의 산란해변의 보호에는 괄목할 만한 성과가 있어 왔지만 바다거북이 짝짓기나 새끼를 기르는 서식공간에 대한 보호노력은 전무한 상태라고 할 수 있다. 따라서 바다거북의 초기 생장기간 중 서식공간으로 이용되고 있는 막달레나 만에서 바다거북의 개체수는 정부의 포획금지 조치에도 불구하고 회복될 조짐을 보이지 않고 있다. 바다거북의 장기적 보전 전략을 수립하기 위해 먼저 필요한 것은 막달레나 만 바다거북의 생태에 대한 좀더 상세한 정보, 어업 활동이 바다거북에 미치는 영향, 바다거북을 여전히 식용으로 이용하는 사회 문화적 관습 등에 대해 좀더 많은 연구가 진행될 필요가 있다. 바다거북 보전을 위한 가장 효과적인 방법은 바다거북 서식공간을 보호할 수 있도록 해양보호지역을 지정하는 것이다. 그러나 이는 주민과 지역사회의 협조와 동의 없이는 불가능하다. 이들 위해 해양 보호지역에 대한 홍보 및 교육 등이 필요하다. 따라서 이 연구과제는 바다거북의 시체를 조사하는 부분, 살아있는 거북을 포획해 조사하는 부분, 대 주민 홍보 및 교육 세 부분으로 나뉜다. 죽은 바다거북 조사는 만의 바깥쪽 해변에서 실시한다. 죽은 거북의 시체를 발견하면 시체의 상태를 기록하고 사인을 조사한다. 몸길이 등 시체에 대한 기본적 측정을 실시한다. 산 거북은 그물로 잡아 몸무게, 몸길이 등을 측정한 다음 인식표를 부착시켜 풀어 준다. 바다거북을 식용으로 쓰는 관습에 변화를 불러오기 위해 초등 및 중등학교를 방문해 학생들에게 바다거북의 중요성이나 바다거북이 현재 처해 있는 위협들에 대해 홍보 교육 활동을 벌인다. 이와 함께 환경의식을 높일 수 있는 환경 교육도 함께 실시한다. 또한 바다거북이 가장 많이 발견되는 곳에서 어업 활동을 하는 어부들을 인터뷰해서 이들로부터 그물에 걸린 바다거북에 대한 정보를 수집한다.

(바) 연구 활동 관련 사진

사진 27. 실험용으로 포획한 바다거북

사진 28. 바다거북 데이터 등록작업

사진 29. 바다거북 구강 조사

사진 30. 쇠고래 사진판독 연구 field camp

사진 31. 고래관광 사회 경제적 연구

사진 32. 수질 오염 측정 지표로 쓰이는 잘피

사진 33. 바다거북 보전 환경교육

사진 34. 지역사회 변화를 위한 연구

라. 사례 3: SFS 코스타리카 센터 – 지속가능한 발전 연구 프로그램

SFS 코스타리카 센터 캠퍼스

(1) 코스타리카 지리적 배경

"부유한 해안"이란 의미를 지니고 있는 코스타리카는 1502년 서양인으로 처음 발을 디딘 콜럼버스에 의해 명명되었다. 국토는 동서로는 카리브해와 태평양에 연해있으며, 북쪽과 남쪽은 니카라과와 파나마와 접경하고 있다. 약 4백만명의 전체 인구 중 52%가 수도 산호세를 비롯한 중앙분지 주위의 도시에 밀집해 있다. 양쪽 해안의 해변은 바다거북이 산란하는 장소로 유명하다. 위도 상으로는 열대지방에 속하는 북위 8도에서 11도 13분 사이에 위치하고 있다. 국토면적은 불과 5만 평방킬로미터가 조금 넘어 우리나라의 절 반 정도밖에 되지 않지만 작은 국토면적에도 불구하고 해양, 산맥, 화산, 열대우림 등 매우 다양한 지형과 지리적 환경을 지니고 있다. 국토를 거의 남북으로 가르고 있는 산맥에는 3천 미터가 넘는 봉우리만도 16개나 된다. 카리브 해 쪽의 해안선은 212 킬로미터의 맹그로브 숲, 습지, 백사장 등으로 형성되어 있으며 연중 많은 비가 내려 열대우림기후대를 이루고 있다. 반면 해안선의 굴곡이 심한 태평양 쪽은 많은 만과 반도를 형성하고 있는 1012킬로미터의 긴 해안선의 상당부분은 바위로 이루어져 있다. 태평양에 연해 있는 북서쪽 지방은 수개월동안 전혀 비가 내리지 않는 열대건조기후대가 형성되어 있다. 운무림 (雲霧林), 열대우림, 화산 및 고산평원은 1000여종의 난과 (蘭科) 식물을 포함해 6000여종의 식물들이 서식하고 있다. 또한 이같은 높은 지리적 다양성 때문에 500여 종의 나비들을 발견 할 수 있으며, 아시아의 봉황새와 같은 긴꼬리가 달린 켓살, 벌새, 앵무새 등 800여종 이상의 조류들도 코스타리카에서 볼 수 있다. 백사장으로 덮인 코스타리카의 양쪽 해안선은 세계에서 가장 커다란 바다거북의 산란지이기도 하다. 국토면적은 5만 평방킬로미터에 불과하지만 지구전체의 생물다양성의 5%가 발견될 정도로 높은 생물다양성을 지닌다. 또한 국립공원이나 다른 형태의 보호지역으로 지정되어 있는 곳이 230여 곳이나 되며 전국토의 28% 가량을 차지한다. 다른 나라에 비해 매우 높은 보호지구비율을 지니고 있다.

(가) 코스타리카의 정치 경제

1950년대까지 코스타리카는 소규모 소작농과 아메리카 인디언들로 구성된 농업 중심의 사회였다. 생계형 소규모 농업, 물물교환, 가족중심의 문화와 전통이 발달되었다. 이후 코스타리카의 농업은 외국인 투자에 의한 기업형 농업으로 전환 되었으며 이같은 전환과정에서 농업생산에 필요한 산업하부구조를 갖추게 되었다. 1960년대 커피와 바나나를 대량으로 수출하기 위해 대서양과 연결시키는 철도가 건설되었으며, 치키타(Chiquita)와 같은 외국인 투자에 의한 대규모 농업이 시작되면서, 바나나, 커피, 설탕과 같은 작물 경작이 국가의 주산업으로 자리 잡기 시작했다. 정치적 안정과 비교적 높고 안정된 경제 수준은 지역 내 다른 나라들을 위한 사회적 모델이 되었을 뿐만 아니라 역내 정치적 영향력도 높아졌다. 코스타리카는 국가발전을 위해 교육에 많은 투자와 노력을 기울여왔다. 코스타리카는 아직도 예산의 25%를 교육부문에 투자하며 중남미 지역에서 문맹률이 가장 낮은 나라 중 하나로 꼽히고 있다. 코스타리카는 세계 여러 나라 중 군대가 없는 몇 안돼는 나라 중 하나이며, 사회질서는 민간경찰이 담당하고 소규모 특수 경찰이 마약퇴치 업무를 담당하고 있다.

오스카 아리아스 전 대통령이 코스타리카의 교육과 정치적 안정에 기여한 공로로 1988년 노벨평화상을 받은 것을 계기로 국가의 위상도 크게 높아졌다. 1994년 코스타리카 정부는 지속가능한 발전을 공식 정책으로 채택하고 이를 전 세계 만방에 공표하였다. 그 이후 코스타리카는 생물다양성 보전, 보호지역관리, 환경규제 등에서 눈부신 발전을 거듭하게 되었다. 이 같은 정책들로 인해 코스타리카는 세계적으로 환경적 모범생으로 인정받기에 이르렀다.

(나) 코스타리카의 환경문제

현재 코스타리카가 직면해 있는 환경문제는 다른 많은 개발도상국들에서 볼 수 있는 전형적인 문제이기도 하다. 즉 경제적으로도 높은 가치를 지니는 천혜의 자연경관과 천연자원을 보전함과 동시에 경제적으로도 지속가능한 발전을 달성하는 것이다. 좀더 구체적으로는 코스타리가의 높은 생물다양성을 농업과 같이 경쟁관계에 있는 토지이용으로부터 어떻게 보전 할 것인가 하는 문제이다. 코스타리카는 현재 경제적 사회적으로 매우 급격한 변화를 겪고 있다. 과거 농업위주의 경제에서 생태관광 및 하이테크 수출 산업으로 경제구조가 바뀌고 있어 산업적으로 문화적으로도 매우 흥미 있는 시기를 맞이하고 있다.

(다) 센터가 위치한 지역의 지리적 특징

SFS 지속가능한 발전 연구센터는 아테나스 (Atenas) 읍 외곽 바리오 로스앤젤레스 마을에 위치하고 있다. 해발 700미터의 아테나스 읍은 산호세 서쪽의 알라후엘라 (Alajuela) 주에 속해 있다. 아테나스 읍은 125 평방 킬로미터의 면적에 17,000명이 살고 있는 농촌도시이다. 지역내에는 숲으로 덮인 얕은 산과 많은 강이 있다. 이지역은 산호세를 중심으로 급속히 도시팽창이 일어나고 있지만 아테나스 주민들은 아직까지 대부분 생계유지 목적의 1 - 10헥타르의 소규모 농장을 소유하고 있다. 경사가 급한 지형에도 불구하고 지역내 토양은 대체로 비옥해 주민들은 망고, 오렌지, 레몬, 아보카도, 토마토, 파파야와 같은 과일과 커피, 설탕, 후추, 콩, 고수풀, 셀러리, 후추 및 검은콩, 옥수수 등의 주요작물을 재배하고 가축을 기르고 있다.

많은 주민들은 지역사회 개발이나 기술지원단체에 속해있다. 현재 이곳에는 18개의 지역 사회 개발 협회가 있으며 다수의 과일 재배농협회도 있다. 민박 및 선물가게, 국립공원 및 지역공원들이 지역사회 개발을 촉진시키며 국내외 관광객들을 불러들이고 있다. 최근 들어 기술 산업 또한 중앙 분지지역 경제에 커다란 기여를 하고 있다.

(라) 아테나스와 중앙분지 지역의 환경문제

1) 도시화와 산업화

아테나스와 중앙분지 지역에서 최대의 환경 문제는 급속히 증가하고 있는 인구문제와 관련된다. 지난 10년 동안 지역 내 인구가 20%이상 증가했으며 2025년까지 두 배가 늘어나 5.6백만이 될 것으로 예상되고 있다. 인구 증가는 소비패턴에 변화를 불러오고, 급속한 개발과 함께 쓰레기 배출이 크게 늘어날 것으로 예상된다. 코스타리카 통계청이 보고한 산림파괴와 목축지 확대는 인구증가에 따른 개발의 압력과 상관관계를 지니는 것으로 보고되고 있다. 또한 화석연료 의존도, 스모그 및 다른 형태의 수질 또는 대기 오염 문제 등은 미흡한 관련법이나 환경규제 때문에 충분히 다루어지지 못하는 것으로 알려져 있다.

농업과 같은 전통 토지이용 행위는 자연보전 지역 안팎에서 심각한 압력으로 작용하고 있다. 농부들은 토지생산성 저하와 함께 점점 상승하는 비료가격 때문에 비옥도가 크게 떨어지는 한계지를 개간하는 결과를 낳고 있으며, 세계화의 영향으로 중앙분지 지역에서 하이테크 기술 산업과 관광산업이 크게 발전하고 있다. 관광산업의 발전은 공원이나 보호지역과 인접해 있는 마을과의 환경마찰을 일으키고 좀더 향상된 산업기반시설과 폐기물 처리시설의 필요성이 더욱더 늘어나고 있다. 인텔 (Intel)과 같은 다국적 기업들이 중앙분지 지역에서 생산시설에 투자하고 있다.

이같은 상황에서 일부 학자들의 주장처럼 코스타리카는 천연자원 개발을 외채를 갚는데 쓰거나, 수출입 산업이 전적으로 의존하고 있는 화석연료를 수입하는데 쓰고 있다는 비난을 면치 못하고 있는 것도 사실이다.

2) 토지 생산성 하락

농업생산 활동은 전통적으로 산림개간, 토양오염, 토양 유실 및 수질 오염과 같은 환경문제를 불러 일으켰다. 또한 농업생산에 부적합한 척박한 땅을 목축지로 개발하여 훨씬 많은 토양유실이 일어나는 결과를 가져오기도 했다. 현재 국토의 24%가 1톤의 쇠고기를 생산하는데 25톤의 토양유실이 발생하는 척박한 토양으로 분류되어 있으며 코스타리카의 농업 생산구조는 세계화에 특히 취약한 구조를 보이고 있다. 코스타리카는 1970년대 세계시장에 쇠고기 생산 및 공급원으로 부상하면서 급속한 산림파괴를 경험했다. 현 상태에서 새로운 틈새시장을 개척하려면 현재 남아 있는 산림에 훨씬 더 많은 압박이 가해질 것으로 예상된다.

전통농업 방식에 화학비료 등 다른 요소들을 투입하는 것은 매우 비용부담이 크고 정부의 지원도 미미하다. 많은 농장과 농가가 중앙산맥의 양쪽에서 뚜렷한 모습으로 남아 있지만 대부분이 기업농 소유로 소규모 농장이나 영세 농가는 점점 살아남기 힘든 구조로 변하고 있다. 최근 발생한 농산품 유통과 관련한 혼란은 소규모 농민들로 하여금 기존의 농사를 대체 할 새로운 방법을 찾도록 하는 계기가 되었다. 유기농법이 대안으로 부상하고 있고 이 같은 조짐은 전국적으로 확대되고 있다.

농업분야에서 일어난 위기와 점증하고 있는 도시화는 농민들로 하여금 전통농업을 포기하고 관광이나 주택개발과 같은 다른 경제활동 분야로 눈을 돌리게 만드는 결과도 가져오고 있다. 꾸준히 증가하고 있는 인구와 그에 따른 압력을 감당해 내기 위해 코스타리카는 기존의 산업으로부터 취할 수 있는 부와 함께 경제발전을 위한 대체 수단의 개발이 절실히 요구되고 있다.

3) 커피와 환경문제

코스타리카의 전통 수출 품목인 커피는 그 생산과정과 관련해 환경적 딜레마의 전형적인 예이다. 불과 20 여 년 전만 하더라도 커피 한잔 마시는데 환경적 죄책감이 따르지 않았다. 그러나 오늘날 커피한잔 속에는 많은 환경적 죄책감이 담겨져 있다. 직사광선을 필요로 하는 신품종 커피는 전통커피의 3배에 달하는 수확을 올릴 수 있다. 높은 수확을 올리는 신품종 커피를 재배하려면 숲을 개간하여 그늘이 없는 공간을 만들어야 한다. 숲이 벌채되자 숲이 만들던 그늘도 함께 사라져 직사광선하에서도 재배가 가능한 신품종 커피가 등장하게 되었다. 그러나 신품종 커피는 산림고갈 뿐만 아니라 생산과정에서 많은 부산물 쓰레기를 유발시키고 부산물 쓰레기가 투입되는 강과 인근 토양의 오염을 유발시켜 커다란 환경문제가 야기되고 있다.

커피재배와 생산은 코스타리카에서 바나나 재배와 생태관광과 더불어 가장 중요한 산업 중의 하나이다. 코스타리카는 전통적으로 커피 수출국이었으며 중앙아메리카에서 가장 효율적인 커피 생산국이기도 하였다. 1980년대 코스타리카 정부의 산업다각화 정책을 폈지만 커피 생산은 줄어들지 않고 계속되었다. 그러나 1988년과 1992년 사이 커피생산량이 크게 늘었으나 수출가격은 오히려 하락하면서 커피를 생산하면 할수록 더 많은 환경문제가 생기는 결과를 초래했다.

코스타리카에서 커피재배는 19세기 중반 커피재배를 원하는 사람은 누구나 정부로부터 커피나무와 재배 공간을 무상으로 지급받았다. 이때부터 커피귀족이 등장했고 커피 생산과 관련한 불평등, 정치적 갈등이 일기 시작했다.

커피재배는 코스타리카에 두가지 환경문제를 불러 일으켰다. 하나는 생산과정에서 생긴 부산물 쓰레기를 강물에 투입함으로써 강물이 오염되는 문제이다. 커피 원두의 57%는 오염물질로 구성되어 있어 이를 강에 투입할 경우 강물 속의 생물들뿐만 아니라 인간에게도 커다란 피해를 주게 된다. 약 20년 전에 개발된 신품종 커피는 더 많은 환경문제를 일으켰다. 흔히 태양커피라고 불리는 이 커피는 직사광선을 필요로 하기 때문에 산림파괴와 그에 따른 토양유실의 원인이 되고 있다.

커피 가공 공장에서는 커피 원두와 과육을 분리시킨 후, 물탱크에 24시간동안 담가두면 커피원두를 감싸고 있는 끈적끈적한 겔이 분해 된다. 겔이 분리된 원두는 그늘이나 노천에 말리거나 공장에서 기계적으로 건조시킨다. 커피 수확 철이 되면 인근의 강은 엄청난 량의 커피 과육과 당분으로 가득 차게 된다. 이처럼 강물 속에 투입된 유기물은 강물을 따라 흐르다, 종종 코스타리카의 천혜의 자연환경 속에 종착하게 된다. 종착된 커피 부산물은 주위의 산소를 흡수해 수생식물이나 곤충, 물고기를 죽이는 결과를 가져온다. 코스타리카 정부는 1995년에야 새로운 환경법을 만들어 고형 또는 액상의 쓰레기를 강물에 투기하는 것을 규제하고 있다.

커피생산과 관련한 또 다른 환경문제는 산림파괴와 그에 따른 토양유실이다. 최근 한 조사에 따르면 코스타리카 국토의 3분의 2를 차지하고 있는 목축지와 작물생산에 이용되고 있는 거의 모든 경작지들이 빗물에 의한 토양유실의 위험에 노출되어있다. 신품종 커피는 직사광선을 필요로 하기 때문에 더 많은 환경문제를 일으킨다. 원래 커피는 그늘에서 자라며 커피 고유의 생태계를 구축한다. 그늘과 하층식생이 양분을 만들고 병충해 저항력을 높여주는 반면 신품종 태양커피는 단일품종의 단순경작 재배방식 때문에 대면적의 산림개간을 필요로 한다. 또 비가 많이 오는 열대우림 기후대에서 토양유실을 일으키는 주요 원인이 된다.

1830년대 커피재배가 도입되면서 시작된 산림파괴는 19세기 말 경 가속화 되었다. 커피재배를 위한 이상적인 조건을 갖춘 화산지대의 산림이 세계 커피시장의 수요증가와 함께 가장 먼저 파괴되기 시작했다. 1970년대엔 햄버거용 쇠고기 생산을 위해 필요한 목초지를 개발하면서 산림벌채

속도는 더욱더 가속화되었으며 1980년 무렵엔 해마다 전 국토의 4%에 해당하는 숲이 파괴되어 서방세계에서 가장 높은 산림파괴율을 기록하기도 했다.

1980년대 말과 1990년대 초의 커피 생산은 1988년 15만 8천 톤에서 1992년 16만 8천톤으로 증가했지만, 커피 가격은 같은 기간 등락을 거듭해 커피 수출에 따른 수입은 1988년 3억 1천6백만 불에서 1992년 2억 6천 6백만 불로 오히려 크게 줄어들었다. 직사광선을 필요로 하는 신품종 커피가 산림파괴의 주범으로 생물다양성이 높은 공간을 커피 단일품종으로 대체하면서 생물다양성 보전을 크게 역행하는 결과를 낳았다.

4) 생물다양성 보전

코스타리카가 직면하고 있는 또다른 중요한 환경 문제는 생물다양성 보전과 보호지역의 장기적 지속가능성 유지와 관련한 문제이다. 코스타리카는 국토의 28%가 보호지역으로 지정되어 있다. 이처럼 높은 자연보호지역 비율은 자연자원의 이용과 관리 사이의 균형을 쉽게 달성 할 수 있도록 할 것처럼 보인다. 그러나 기존의 보호지역은 현재 농업, 주택개발 또는 다른 형태의 개발 압력을 받고 있다. 또한 현재 생물다양성 보전과 관리에 대한 지식과 과학적 재정적 지원이 크게 미흡하여 장기적 지속가능성을 불확실하게 만들고 있다.

생물학적 관점에서 보호지역은 흔히 하나의 섬으로 볼 수 있다. 따라서 보호지역은 주연부효과 (周延剖效果 edge effect)와 관련한 문제나 특정 생물종이나 개체군을 보호하기에 크기가 충분하지 못할 수도 있다. 이 때문에 현재 코스타리카의 보호지역 관리체제 하에서 생물다양성 유실과 생물학적 건전성 상실과 같은 여전히 많은 문제점들이 발생하고 있다. 많은 공원들이 방문객들의 무제한 접근을 허용함으로써 보호지역의 보호와 관리가 허술하게 이루어지고 있는 점도 지적되고 있다. 현재의 생물다양성

수준, 서식공간의 질적 수준, 유전자 부동 및 토착 생물종과 같은 분야의 정보가 절대적으로 부족한 상태이다. 또 다른 문제로는 희귀 생물종을 공원과 같은 보호지역 내에서 불법으로 채취하거나 밀렵 행위가 자주 발생하는데 생물다양성 보전에 대한 지역사회의 이해증진이 절실히 요구되고 있다.

5) 생태관광

관광업은 흔히 생물다양성을 정당화시키는 한편 보호지역 주변의 지역사회에 소득과 경제적 혜택을 가져다주는 수단으로 권유되어 왔다. 생태관광은 코스타리카의 높은 식물 및 동물 다양성과 보호지역에 대한 국제적 홍보로 인해 그 수요가 지난 몇 년 동안 꾸준히 증가해 왔다. 보호지역에 대한 코스타리카 정부와 민간단체의 적극적인 관심과 참여는 코스타리카를 세계적인 생태관광의 명소로 끌어올렸다. 보호지역을 유지하고 관리하는 목적도 현세대 중심에서 미래 세대들까지 장기적으로 향유 할 수 있도록 하는 방향으로 변화하고 있다. 보호지역을 위한 기반시설과 서비스 시설을 갖추기 위한 사업들은 장기적 보호를 지침으로 삼고 있다.

최근의 생태관광 붐으로 인해 관광업은 농업을 제치고 코스타리카의 재정수입에 가장 중요한 산업으로 부상했다. 그러나 관광업은 많은 불안 요소를 안고 있어 심한 등락과 부침을 겪고 있다. 예를 들어 방문객들의 편의를 위해 기본시설을 향상시킨 것이 오히려 특별한 경험을 기대하고 찾아온 방문객들의 질적 경험을 저하시켜 장기적으로는 관광객 수가 감소하는 결과를 초래하기도 했다. 관광업 분야는 또 지역 정책이나 안전문제 등에 쉽게 영향을 입는다. 예를 들어 야생동물에게 피해를 준다든지, 너무 많은 관광객들 때문에 탐방로가 훼손되거나 주변의 하천과 강물이 오염되는 문제들이 발생하고 있다. 또한 보호지역의 존재로 인해 인근의 지역사회에 돌아가는 혜택, 보호지역관리의 효율성이나 효과 등은 아직까지 확실치 않다.

(마) 코스타리카 지리적 배경 사진

사진 1. 활화산 Volcan Poas 국립공원 내

사진 2. 열대우림

사진 3. 열대 운무림 (雲霧林)

사진 4. 열대 운무림 안 풍경

사진 5. 이구아나 (Iguana)

사진 6. 열대림 속 생물 (개구리)

사진 7. White Faced Capuchin Monkey

사진 8. Roseate Spoonbill (저어새 일종)

(2) 지역 환경문제로부터 사례 개발

(가) 지속가능성을 위한 모델의 필요

지속가능한 발전은 부른트랜드 위원회로도 알려진 유엔 세계 환경 및 발전 위원회에 의해 1987년 "현세대의 필요를 위해 미래 세대들의 능력을 훼손시키지 않는 발전"이라고 정의 내려졌다. 즉 지속가능한 발전은 사회, 경제 및 환경적 필요간의 균형을 의미한다. 지속가능성을 계량하기 위한 지표를 개발하기 위해 지속가능성을 위해 취한 행동의 효율성을 모니터링 하는 다양한 논의가 전개되었다. 기본적으로 지속가능성을 달성하려면 특정 환경문제에 대해 경제, 사회문화 및 생태 등 제 측면을 이해하고 이들 간의 갈등을 최소화하는 것이 요구된다. 아테나스와 중앙분지 지역은 현재 많은 개발이 급속히 진행되고 있다. 그러나 현재의 토지 이용방식이나 보호 전략은 경제, 사회문화 및 생태적 혜택을 증진시키거나 이들 사이의 균형을 효과적으로 유지하지 못하는 즉 지속가능하지 못한 상태에 있다.

농업은 수십 년 동안 코스타리카에서 가장 큰 비중을 차지하는 산업이었고 가장 큰 재정 수입원이었다. 그러나 이 같은 추세는 지난 10년 사이 생태관광산업의 급부상과 좀더 최근의 기술 산업의 도입과 함께 커다란 변화를 맞이하고 있다. 이처럼 새로운 고용기회와 새로운 수입원이 생기면서 인구증가를 불러일으키고 산업기반시설 확충 및 도시화 문제를 유발시키고 있다. 이같은 문제는 자연자원과 생태계에 큰 압력으로 작용하기 시작했으며 생물다양성 보전을 위협하는 요소가 되고 있다. 대규모 농업생산 방식은 대량의 화학비료나 유해한 살충제의 사용으로 인해 생태계의 건전성을 파괴하는 주요인이 되고 있다.

자연자원의 건전성 위협 문제는 보호지역에서도 마찬가지로 문제가 되고 있다. 보호지역의 인접 지역과 보호지역 내에서 일어나고 있는 활동등이 보호지역내의 생물자원이나 다양성보전을 위협하기 때문이다. 생태관광, 방문객, 방문객들을 위한 시설 건설, 무단 점거, 불법 거주 등의 행위가 보호지역 생태계의 건전성에 부정적 영향을 미치고 있다. 따라서 각종 토지이용 행위들이 보호지역의 자연자원에 어떤 영향을 미치는지 그리고 보호지역을 위한 관리가 얼마나 효율적인지에 대한 면밀한 연구가 필요하다.

(나) 지속가능한 발전 센터의 역할

코스타리카의 지속가능한 자원 이용을 위해 달성해야 할 것은 자연자원과 생물다양성 보전을 위해 좀더 친환경적 친자연적 수단의 마련에 있다. 따라서 지속가능한 자원 이용을 증진시키려는 SFS 코스타리카 센터의 역할은 다음의 두 가지로 요약 할 수 있다.

- 경제적 이익을 창출하기 위해 자연자원 채취나 이용 할 때 좀더 친환경적 방법을 동원하는 것
- 현재 보호지역으로 지정된 곳들이 경제, 사회, 문화, 생태적으로 건전성과 서로간의 균형이 유지 될 수 있도록 좀 더 향상된 보호지역 관리방법을 개발하는 것

위와 같은 지역사회가 처한 환경적 현실을 바탕으로 다음과 같이 사례를 개발하였다.

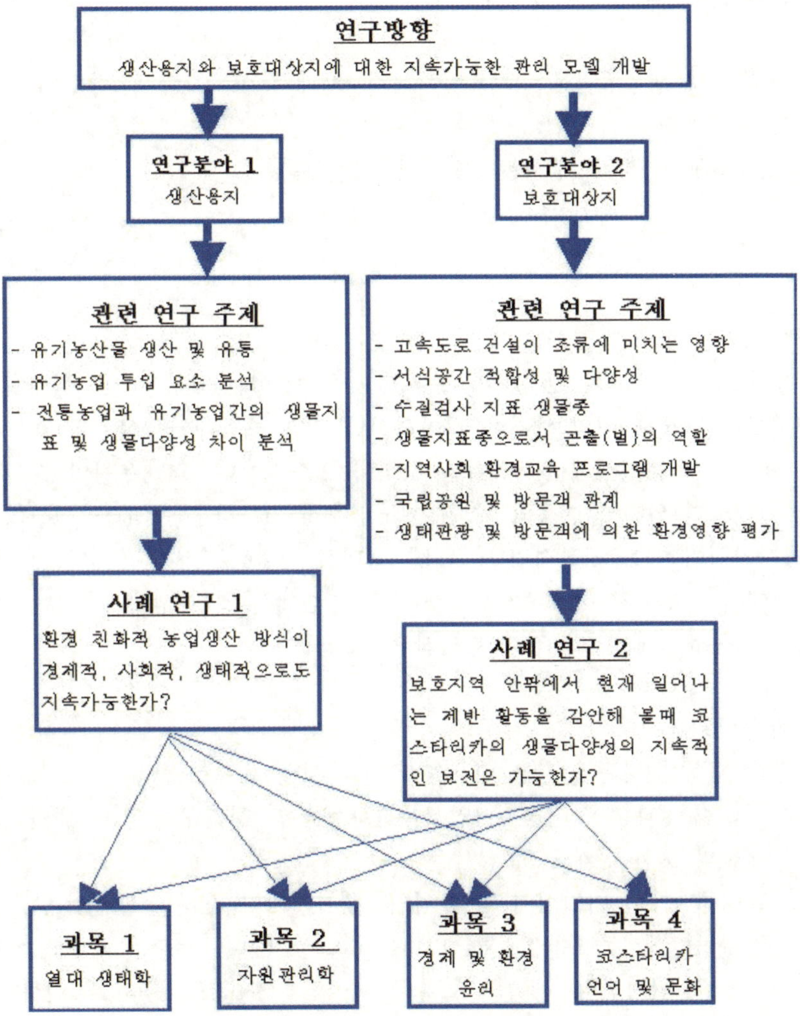

그림 4.8 지역사회 환경문제로부터 사례연구 개발과 관련 연구 및 교육 프로그램 개발의 예

(3) 사례연구 1

(가) 질문형식으로 표현한 사례1:

"친환경적 생산방법은 경제적, 사회적, 생태적으로 지속가능한가?"

(나) 사례 1 연구에 필요한 교과목 및 학습내용

1) 생태

과목 개요

코스타리카 센터가 교육과 연구 목표로 삼고 있는 환경문제를 이해하고 연구활동을 통해 이의 해결에 참여하려면 열대 생태계의 생물 종이나 서식 공간상의 다양성에 대한 기본 지식이 필수적이다. 열대우림의 다양성을 이해하기 위해서 다음의 세 분야를 집중적으로 다룬다. a) 열대생태계가 다양성이 높은 근본적인 이유 b) 생태적 진화적 측면의 다양성 c) 본 센터에서 다루고자 하는 두 가지 사례의 관점에서 열대 생태계나 그 안에 서식하는 유기체들의 보전을 위협하는 요소들.

학습 목표

생태 과목은 다음과 같은 내용을 익히는 것을 목표로 한다.

- 열대림 생태의 복잡성, 자연사, 진화생물학, 신열대구에 서식하는 동식물의 보전 상태
- 열대생태계가 다양성이 높은 원인 (생물지리학 및 지질학적 원인)
- 열대 동식물 분포에 영향을 미치는 요소들 (기후 및 지형적 이질성)
- 생명체, 번식전략, 생물 상호작용 (초식, 종자 산포, 수분, 공진화)
- 열대림 기능 (양분순환, 갱신 및 교란에 대한 반응, 열대식물의 생리적 특성)
- 열대림 생태계의 다양성을 위협하는 요소들

- 위의 모든 내용을 종합하여 열대 또는 온대림 생태계를 파괴로부터 보호 할 수 있는 대안을 제시할 수 있는 능력을 배양
- 코스타리카의 열대림 생태계를 이해하고 관련문제의 해결을 목표로 하지만 더 나아가 신열대구나 온대림 생태계의 문제도 열대림 생태계와 근본적으로 다르지 않기 때문에 학생들이 귀국 후 고국 환경문제에도 적용이 가능하도록 한다.

학습내용

1강: 프로그램 소개
2강: 코스타리카의 자연사
3강: Braulio Carrillo 국립공원 자연사
4강: Braulio Carrillo 국립공원 탐방 (현장견학)
5강: 운무림, 고산림 생태
6강: Braulio Carrillo 생태 (현장 강의)
7강: 사례 1 소개
8강: 연구 활동과 윤리
9강: 과학논문 작성법 (보고서 형식, 도표 및 통계자료 처리 기법)
10강: 수질 생태 및 biomonitoring (Zarcero 필드트립 전 강의)
11강: 생물다양성 측정 및 계량 (현장실습)
12강: 수생 곤충을 지표로 이용한 수질조사 실습 (현장 실습)
13강: 작물생태 및 먹이사슬
14강: 열대 농업생태 (Zarcero)
15강: 수생곤충을 이용한 수질조사 데이터 분석
16강: 수생곤충 실습 결과 구두발표
17강: 신열대 산림 동태학-I (분류, 상호작용, 먹이사슬)
18강: 유전자 이식 작물과 녹색혁명
19강: 코스타리카 대학 분자 및 세포 생물학 연구 실험실 방문 (현장견학)
20강: 코스타리카의 생물공학기술 (초청강사 특강)

21강: 유전자 변형작물이 인체에 미치는 영향 (토론)
22강: 열대 농업생태계의 토양생태 및 먹이사슬
23강: 농업의 사회적 측면
24강: 바나나 농장 방문 (현장견학)
25강: 소수 품종 수출에 따른 생태적 사회적 영향: 바나나 및 복숭아 야자
26강: 사례1 종합정리 및 토론

2) 자원관리

과목 개요

이 과목은 코스타리카에서 지속가능한 발전을 위해 초석이 될 자연자원의 관리와 보전 원칙과 응용에 초점을 맞춘다. 이 과목에선 생태적으로 지속가능한 개발, 환경영향 평가 및 보호지역 계획 및 관리 등의 방법의 적용과 왜 자연자원을 보전해야 하나, 어떻게 보전 할 것인가, 자연자원 보전은 왜 또는 어떤 경우 실패하는 가 등의 문제를 실제 상황 또는 검증된 예를 이용해 다룬다.

학습목표

- 열대지방에서 자연자원 관리의 기본 원리 이해
- 코스타리카의 자연자원에 대한 지속가능한 이용에 있어서 우선순위
- 생물다양성이 보전되고 과학적으로 연구되며 인간을 위해 현명하게 관리될 때 생태계가 지니는 잠재적 가치의 평가 및 분석

학습내용

1강: 코스타리카의 토지이용 패턴, 과거 및 현재
2강: 연구계획 소개
3강: 열대 운무림 관리 - Braulio Carrillo 국립공원 (현장강의)
4강: 사례1 소개

5강: 농업 수분 (受粉) 관리 (현장강의)
6강: 수분매개 곤충의 농업서비스 (현장강의)
7강: 농업수분 - 꽃가루 매개 곤충 (현장강의)
8강: 수분 현장실습 개요
9강: 주례 정기 토론
10강: 먹이사슬 및 생산시스템
11강: 연구 및 윤리
12강: 커피농장 및 원시림의 지표생물 (현장견학)
13강: 균근균 (mycorrhizal fungus)와 지속가능한 자원
14강: 열대농업 및 종자관리
15강: 열대 우림 관리 (Poco Sol 필드트립 및 현장견학)
16강: 세계 아동 영구 보존림 개요 (현장강의)
17강: 환경서비스에 따른 비용 지불 (현장강의)
18강: 생태관광 및 천연자원관리 (현장견학)
19강: 주례 정기 토론
20강: 종합정리 및 토론

3) 경제 및 환경윤리

과목개요

이 과목은 자연환경과 관련된 각종 인간의 활동과 경제적 관계와 그에 따라 생태계에 미치는 영향을 중점적으로 다룬다. 본 과목에서 가장 중점적으로 다룰 내용은 다음의 두 가지 측면이다: a) 유기농산물의 생산에서부터 소비에 이르는 과정까지의 환경 경제적 문제와 이와 관련한 정치, 윤리적 문제 및 이 모든 것이 어떻게 환경에 영향을 미치는지에 관한 것과 b) 국립공원이나 다른 형태의 보호지역과 국내외 방문자들 간의 환경경제학적 관계. 이 과목에서는 기존의 국립공원이나 보호지역에 인접해 있는 지역사회를 중심으로 유기농업과 같은 지속가능한 형태의 농업을 장려하면, 기존의 보호지역은 좀더 오랫동안 지속가능한 상태로 유지될 가

능성이 높아 질것이고 보호지역을 방문하는 방문객들의 행태도 좀더 지속가능하게 될 것이라는 가정을 바탕으로 한다. 사례1 기간 중에는 개발도상국에서 유기농업의 생산에서 소비까지의 과정과 이들이 사회와 개인에게 미치는 영향을 중점적으로 다룬다. 사례2 기간 중에는 국립공원과 같은 보호지역과 그 주변의 인접지역 그리고 이를 방문하는 해외 및 국내 방문객들과의 총체적인 관계를 다룬다. 특히 자연자원에 바탕을 둔 생태관광과 같은 야외활동으로부터 파생되어 형성된 보호지역, 인접지역, 지역사회, 방문객들과의 특별한 관계들을 다룬다.

학습 목표

다음과 같은 문제에 대한 학생들의 이해를 증진시키는 것을 목표로 한다.

- 개발도상국에서 유기농업의 사회경제적, 정치적 의의
- 유기농업 활성화를 위한 제도적 장치
- 유기농업 활성화와 국립공원 및 보호지역의 장기 지속가능성과의 관계
- 유기농업과 환경문제 간의 관계
- 공원, 지역사회, 방문객 간의 관계에 영향을 미치는 사회경제학적 문제들
- 지속가능한 공원 운영을 위해 필요한 이들과의 관계
- 방문객들에게 가장 적합한 서비스
- 공원, 지역사회, 방문객 간의 적절한 관계

학습내용

1강: 코스타리카의 성장 패턴
2강: 코스타리카의 농업
3강: 지속가능성의 정의
4강: 무역, 환경, 세계화
5강: 개발도상국에서 유기농업의 경제성 (미국과 코스타리카 사례)
6강: 유기농업 경제학
7강: 유기농업의 규모의 문제

8강: 유기농산물의 유통 및 소비
9강: 유기농업 절차 및 유기농업 변천사
10강: 유기농산물 인증제
11강: 유기농산물의 제품 주기 분석
12강: 사례1의 경제적 분석
13강: 사례1의 경제적 측면의 기여, 종합정리

현장실습 : 유기 농산물 및 비 유기농산물 유통 및 소비 비교 분석

이 실습은 두 가지 생산품에 대한 가격, 물량, 유기농산물 구매와 관련한 소득수준과 지불용의간의 관계 등을 조사하여 두 생산품 간의 경제적인 차이를 확인한다. 이 실습은 장기 연구 과제로 전년도 연구결과와 비교분석도 포함한다.

4) 코스타리카 언어와 문화

코스타리카 센터 고유의 과목으로 스페인어 코스와 코스타리카 사회 및 문화로 구성된다. 스페인어 코스는 학생들의 수준에 맞추어 초, 중, 고급 세단계로 나누어 말하기 쓰기 읽기 등 전반적인 스페인어 실력 향상을 위해 고용된 전문 어학강사가 담당한다. 센터 내 스페인어를 모국어로 쓰는 직원들도 기회가 닿는 한 학생들의 스페인어 향상에 적극적으로 참여한다. 코스타리카 사회 및 문화 부분은 학생들과 센터가 위치한 지역사회와의 원활한 접촉을 꾀한다. 이를 위해 관련 강의, 토론, 현장실습 등의 모든 활동은 학생들이 현지문화를 수용하고 이해하는 능력을 향상시켜 프로그램 기간 동안 지역사회를 위한 연구조사 활동을 원활하게 할 수 있도록 하기 위함이다. 강의는 코스타리카의 역사, 환경문제, 문화적 민감성, 센터가 위치한 아테나스의 사회 문화적 현황, 도농간의 격차, 지역사회 개혁을 위한 행동주의, 사회정책, 보건 위생, 지역사회에서 공원의 역할, 코스타리카에서 사회 문화 연구와 관련한 윤리 도덕 문제 등의 내용을 다룬

다. 지역사회와의 접촉은 다양한 활동을 통해 이루어진다. 모든 학생들은 학기 당 2일 밤을 지역사회의 가정에서 지내면서 입주가정의 가족들과 유대관계를 맺는다. 학생들은 주민들과 함께 허브재배에 관한 워크숍을 개최하여 주민들과 경험이나 지식을 주고받으며, 지구의 날과 같은 지역사회 행사에 참여하기도 한다. 또한 지역사회의 초등 중등학교를 방문해 퇴비 만들기, 자원 재활용하기와 같은 지속가능한 생활방식을 위해 필요한 것을 가르치기도 한다.

(다) 사례 1관련 사진

사진 9. 바나나 농장 견학

사진 10. 바나나 농장 수확 작업

사진 11. 브라울리오 카릴요 국립공원 내 하천

사진 12. 브라울리오 카릴요 국립공원

사진 13. 열대림 생태 실습 (가루받이 곤충채집)

사진 14. 열대림 생태 실습 (가루받이 곤충조사)

사진 15. 가루받이 곤충 (orchid bee)

사진 16. 가루받이 곤충 (나비)

(4) 사례연구 2

(가) 질문형식으로 표현한 사례 2:

"현재의 코스타리카의 토지 이용제도는 보호지역과 그 주변의 생물다양성을 보전하는데 충분한가?"

(나) 사례 2 연구에 필요한 교과목 및 학습내용

1) 생태

1강: 사례 2 소개
2강: Braulio Carrillo 국립공원 개요 (공원 담당자)
3강: Braulio Carrillo 국립공원 탐방 (현장강의)
4강: 열대생태학 및 신열대 산림동태학-II (산림 갱신, 식물 생리 생태, 생물종 다양성)
5강: 열대식물 계통학 및 분류학 (초빙강사)
6강: Manuel Antonio 국립공원 개요
7강: Manuel Antonio 국립공원 탐방 (현장강의)
8강: 맹그로브 생태학 (현장강의)
9강: 서식공간의 분획화에 따른 영향 및 아테나스 시유림내 자연보전지구 설계 (현장강의)
10강: 섬 생물지리학 이론 (현장강의)
11강: 전통 민속 식물학
12강: INBio (National Biodiversity Institute)와 코스타리카의 생물다양성 연구 및 보전 (초빙강사)
13장: 생물다양성 보전 토론
14강: Pocosol 생물 연구소 및 Arenal 국립공원 개요
15강: Pocosol 생물연구소 탐방 및 현장강의
16강: 섬생물 지리학 및 분획화 생태이론의 응용: 곤충에 의한 탱크 브로멜리아드의 정착 (Poas 국립공원)
17강: 학생발표: 섬생물 지리학 및 탱크 브로멜리아드
18강: 종합정리 및 토론

2) 자원관리

1강: 사례2 소개
2강: 코스타리카 자연보전 체제의 역사적 발전 단계
3강: 자연해설 (초빙강사)
4강: 현장실습 (식물해설) 구두발표
5강: 주례 정기 토론
6강: 보호지역의 토지이용 - 리오그란데 보호지역 (현장강의)
7강: 환경친화적 병충해 관리 (현장강의)
8강: 지속가능한 자연자원 이용 (아테나스 시유림)
9강: 주례 정기 토론
10강: 자연보전의 대안 (center director)
11강: 장기자연보전을 위한 3단계
12강: 주례정기 토론
13강: 열대건조림 관리 (국립공원 방문)
14강: 산림고갈에 따른 영향 및 복구
15강: 주례 정기토론
16강: 선택적 벌채 (Cerro de la Muerte 현장실습)
17강: 지표 생물종 선택기준
18강: 종합정리 및 토론

3) 경제 및 환경윤리

1강: 환경 및 여가 경제학 개요
2강: 농업관광 - 농업생산과 생물다양성
3강: 환경저하의 경제학: 인간과 사회제도의 실패
4강: 국립공원 및 공유지내의 생태관광 관리 및 경제
5강: 사유보전지구 관리 및 경제
6강: 코스타리가의 생물자원 발굴 경제학

7강: 공원과 사람: 지역사회 중심 생태관광 및 문제점
8강: 여가 및 공익기능 계량
9강: 사례 2 종합정리
10강: 사례2 경제적 측면의 기여 및 종합정리

(다) 사례 2 관련 사진

사진 17. 유기농 바나나 농장 실습

사진 18. 음식물 쓰레기로 퇴비 만들기 실습

사진 19. 국립공원 내 생물다양성 현장 강의

사진 20. 국립공원내 수질 검사 실습

사진 21. 니카라과 필드 트립

사진 22. 생물다양성 실습 반복 (니카라과)

사진 23. 행사장내 퇴비 만든 법 포스터

사진 24. 지역사회 환경 교육 행사장

(5) 연구 및 기술 자문 위원회

다른 센터와 달리 SFS 코스타리카 센터는 국립공원과 같은 보호지역 관리와 유기농업처럼 지리적으로 광범위한 주제를 다루기 때문에 다음과 같이 대학, 정부기관, 농업인 단체, 농산물 수출단체 등 다양한 기관과 긴밀한 네트워크를 형성하고 있다. 이들과의 긴밀한 관계는 성공적인 학습활동과 연구 활동을 위해 매우 중요하다. SFS 코스타리카 센터는 연구자문위원회와 기술자문위원회를 구성하고 정기적으로 이들로부터 자문을 구하고 있다.

연구자문위원회

Director of Braulio Carrillo National Park
Director of Volcan Poas National Park

President of CoopeAtenas
President of Ecologica
Director, Organic Farming Program, Ministry of Agriculture
Deputy Minister, Ministry of Environment
Director, Central Volcanic Mountain Range Conservation

기술자문위원

Dr. Luis Poveda, Ethnobotanist, Universidad de Heredia
Dr. Adelaida Chaverri, Biologist, Universidad de Heredia
Dr. Alavaro Burgos, Profesor of Environmental Law, Universidad de
Costa Rica
Sr. Lilliana Prado, President, Chamber of Tourism
Mr. Paul Englander, Project Director, Children's Eternal Rainforest
Dr. Miguel Vallejo, Director, Neotropica Foundation
Santiago Alpizar, organic farmer
Elias Suarez, organic farmer
Leonidas Lopez, farmer in transition
Luis Belisario Lopez, farmer in transition
Fernado Ochomogo, President, Atenas Municipality

관련 이해집단 및 연구파트너

Stakeholders	Clients	Partners
Monteverde Conservation League	Organic certification agencies: Ecologica, Inc.	Braulio Carrillo (ACCVC)*
Monteverde Cloud Forest Reserve	Organic certified production c ompanies: Juglar del Valle	Ministry of Environment
Universidad de Costa Rica (School of Biology)		HP World E-Inclusion
Universidad Latina (School of Economics)	Mas x Menos (supermarket)	CoopeAtenas*
Universidad Nacional (School of Wildlife Management)	Government agencies: Ministry of Agriculture	Development associations (grassroots groups)*
Potential Stakeholders:	Ministry of Environment	Asociacin Desarrollo Integral Alto del Monte
Organization of Tropical Studies (OTS)	Ministry of Health	Asociacin Desarrollo Integral Plancillo
Mareuco Biological Station (OSA Peninsula)	Manuel Antonio National Park	La Presa development committee
Santa Elena Reserve		* Also a client
Children's Eternal Rain Forest Reserve		
Santa Rosa National Park		
Fundacion Neotropica		

(6) 수행 중인 연구과제

연구조사 활동은 궁극적으로는 지역사회나 국립공원이나 정부기관 등 연구결과의 직접적인 수혜 단체나 기관이 안고 있는 환경문제들을 해결하기 위한 목적으로 추진되고 있다. 그러나 단기적으로는 학생들로 하여금 열대림 지역에서 연구 활동을 수행하는데 필요한 실질적인 연구조사 기법을 익히고, 연구 설계부터 현장조사를 통한 데이터 수집 및 분석, 학회지 등에 발표에 이르는 전 과정을 체험 하도록 하는데 있다. 연구 수행을 위해 필요한 사전 지식, 연구 주제와 관련된 문제, 배경, 현장조사 기법은 학기 초 강의와 실습을 통해 익히게 된다. 다음 소개하는 것은 모두 현재 진행되고 있는 연구 프로젝트들 이다.

(가) 열대림 내의 수목 생장과 종자 산포의 시간적 공간적 변이

해발 400-800미터 열대림 속에서 자라는 희귀 또는 멸종위기에 처한 나무들이 어떻게 종사를 산포하고 싹을 틔워 새로운 어린나무로 자라게 되는지 또는 숲 속에서 새로 자라는 나무들이 계절, 강우량, 일조량의 차이에 따라 어떻게 다른 생장을 보이는지에 대해 거의 알려진 바가 없다. 따라서 이들 희귀 또는 멸종위기에 처한 나무 수종들을 보전하고 관리하는 정책을 입안하는 국립공원 당국에선 특정 수종의 나무들이 필요로 하는 특별한 조건들이 무엇인지 제대로 알지 못한 상태에서 중요한 의사결정을 하게 된다. 이 연구를 통해 얻고자 하는 결과는 수효가 감소되고 있는 수종과 발아 된 후 뿌리가 정착하는데 문제가 있는 수종들을 확인하는 것이다. 또 각 수종이 천연갱신 되기 위해서 필요한 조건, 생장속도 및 재생되기 까지 걸리는 시간 확인, 집단 식재를 통해 상업적 이익을 취할 수 있는 잠재성을 지닌 수종을 확인하는 것이다. 이같은 연구는 코스타리카의 생물다양성 보전 및 관리를 위한 기초 자료로 활용될 수 있다.

(나) 보호지역을 관통하는 고속도로가 생물다양성과 조류 분포에 미치는 영향

도로건설은 인간이 자연생태계에 미치는 가장 대표적인 영향중의 하나이다. 코스타리카에서 가장 대표적인 국립공원인 브라울리오 까릴로 국립공원은 고속도로가 공원을 동서로 관통하고 있다. 그러나 이 고속도로를 이용하는 교통량이 공원 내의 조류들에게 미치는 영향에 대해 과학적인 조사가 이루어진 적이 없다. 특히 고속도로에서 발생하는 소음이 공원 내 야생동물들에게 미치는 영향, 고속도로가 관통함으로써 서식공간이 단절됨에 따른 피해, 고속도로 주변의 노출된 거친 환경을 선점하는 외래 식물들에 대한 조사연구가 전혀 이루어지지 않고 있다. 따라서 과거 5년 동안 공원 내의 철새 및 텃새들의 수효가 어떻게 변했는지, 고속도로의 건설이 각종 조류들에게 미친 영향이 무엇인지를 조사해 국립공원 당국과 관련 정부기관에 보고해 고속도로 건설에 따른 생물다양성 변화를 주지시키고 적절한 대처 방안을 제시한다.

(다) 국립공원 내 수생곤충의 풍부성과 생물다양성 조사

코스타리카에서 지난 40년간 인구가 크게 늘어났으나 상수 공급 시스템은 여전히 낙후된 상태에 있다. 코스타리카에서 수질 검사는 어렵고, 비용이 많이들 뿐만 아니라 훈련된 인력도 턱없이 부족한 상태다. 따라서 일반인들에게 수자원관리의 중요성을 인식시키고 손쉽게 할 수 있는 간편한 수질 검사 방법을 개발 할 필요가 오래전부터 제기 되어 왔다. 국립공원 안을 흐르는 강을 대상으로 계절별로 수질 검사를 실시해 수생곤충을 조사함으로써 인근 생태계의 건전성 변화를 측정하는 수단으로 개발하고 수질상태를 장기적으로 모니터링 하는데도 활용한다. 수생 곤충 분포 상의 변화를 파악하고 그 원인이 오염과 같은 인위적인 것인지 아니면 강우량의 변화와 같은 자연적인 것인지를 판단해 관련기관에 통보해 수질 보전 정책과 관련한 의사결정에 참고하도록 한다. 현재 이 연구는 장기간 모니터링을 필요로 하기 때문에 매학기 또는 매년 한차례씩 같은 조사를 같은 장소에서 반복하고 있다.

(라) 열대 보호지역과 농업지역의 생물다양성 보전 모니터링을 위한 생물지표 개발

어떤 생태계가 생물다양성을 지니는지 여부를 확인하고 측정하기란 매우 힘든 과제이다. 따라서 생물다양성을 대신해서 나타내는 생물지표 종을 활용하는 방법이 널리 사용되고 있다. 그동안의 지표는 대체로 수질, 또는 대기오염 정도처럼 인간중심적 목적을 위해 개발되었다. 그러나 훨씬 복잡한 생태계의 다양성을 간편하게 측정 할 수 있는 생물 지표를 찾는 일은 쉬운 일이 아니다. 이를 위해 3가지 곤충 (orchid bees, 나비, 딱정벌레)을 이용해 국립공원과 같은 보호지역과 개발된 지역, 유기농업지역과 전통농업지역을 대상으로 비교 실험을 진행하고 있다. 보호지역이나 유기농업 지역에서 비 보호지역이나 전통농업지역 보다 훨씬 더 많은 생물지표들이 발견된다는 사실을 검증하는 것이 이연구의 목표이다.

(마) 유기농산물 마케팅과 시장성 연구

코스타리카에는 현재 소규모 유기농업에 종사하는 농업인구가 약 4000여명 정도에 이른다. 또 비슷한 숫자의 농부들이 전통방식에서 유기농 방식으로 전환을 시도하고 있을 정도로 국내외적으로 매우 유망한 분야로 부상되고 있다. 그럼에도 불구하고 많은 농부들은 유기농산물 인증 절차가 매우 까다로울 뿐만 아니라 비용이 많이 든다고 불평하고 있다. 따라서 좀더 많은 농부들이 유기농으로 전환할 수 있도록 현재의 유기농 인증제도 상의 제약요소를 파악하고 개선하는 것이 연구의 목적이다. 이를 위해 이미 인증절차를 마치고 유기농 협회의 회원으로 되어 있는 커피 농부들과 인증절차를 밟고 있는 커피 농부들을 대상으로 신속 간편한 인증 절차를 위해 가장 큰 장애물이 되는 것들을 조사하는 연구를 진행하고 있다.

(바) 연구 활동 관련 사진

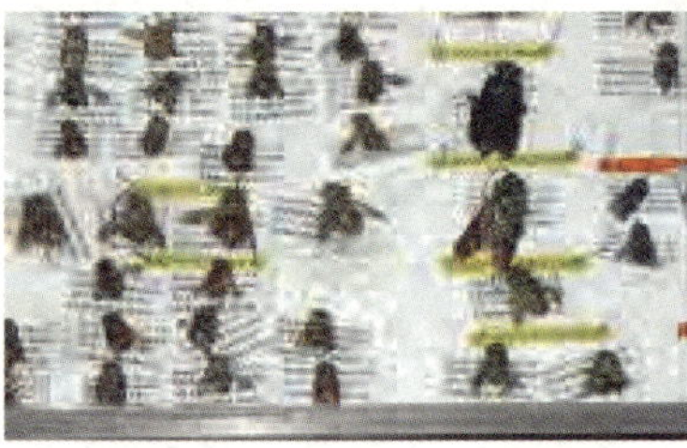

사진 25. 지표종 (orchid bee) 개발 연구

사진 26. 바나나 시장 및 유통 연구

사진 27. 아테나스 시유림 수질 조사

사진 28. 아테나스 시유림

사진 29. 열대우림 보호 지역 내 생물다양성 조사 (왼쪽 위로부터 브로멜리아드, 열대림 내 나무높이 측정, 이구아나, 곤충)

마. 사례 4: SFS 호주센터-일본 무사시 대학 제휴 프로그램

(1) SFS 호주센터

1988년 설립된 호주센터는 호주대륙 동북쪽의 퀸즈랜드 (Queen's Land) 지방 에터톤 테이블 랜즈 (Atherton Tablelands)지역의 융가부라 (Yungaburra) 마을 인근에 위치하며 열대림 복구 및 관리의 연구와 교육에 초점을 두고 있다. 센터가 위치한 지역은 비교적 평평한 지형에 비옥한 토양조건과 적당한 강수량을 지니고 있어 역사적으로 오래전부터 정착과 농업이 이루어지면서 원래 있던 숲이 제거되거나 고립화 (isolation) 또는 분획화 (fragmentation) 되는 결과를 초래했다. 이지의 숲은 희귀하고 위험상태에 처해있는 열대우림으로 보호나 복구가 필요한 숲으로 분류되어 있을 뿐만 아니라 이 숲에는 호주에서 가장 많은 수의 토작종 무척추 동물들이 서식하고 있는 것으로 확인되었다. 또한 이 숲에 서식하고 있는 식물들은 매우 제한된 지역에서만 발견된다. 따라서 이곳의 야생 동식물들을 보호하기 위해선 이들의 서식 공간인 숲 자체를 넓은 면적으로 보호해야 할 필요가 있다. 현재 퀸즈랜드의 이 열대우림 숲은 희귀한 가치를 인정받아 타스매니아, 동부 뉴 사우스 웨일즈 지역의 숲과 함께 유엔에 의해 세계유산지역으로 지정되어 있다. SFS 호주 캠퍼스는 이 세계유산지역과 맞닿아 있다.

기후변화가 열대우림 지역에 미치는 영향에 대한 연구가 일부 있지만 대부분 저지대에서 이루어진 연구이며 SFS가 위치해 있는 에터톤 테이블랜드처럼 고원지방에 관한 것은 극소수에 불과하다. 기존의 우림을 지속가능하게 보전하려 할 때 함께 고려해야 할 점은 분획화된 경관을 연결시키는 문제와 파괴된 지역에서 숲을 복구시키는 문제이다. 녹화에 따른 혜택은 비가 올 때 표면유수를 막아 토양유실이나 침식을 방지하고 수질을 정화시키는 등 다양하다. 조림녹화는 캥거루와 같은 야생동물들의 수효에 영향을 미쳐 생태적으로도 중요할 뿐만 아니라 야생 캥거루에 의존해 있는 관광업에도 영향을 미쳐 경제적으로도 중요한 역할을 한다.

그러나 숲의 면적을 늘림으로써 돌아오게 될 생태적 경제적 혜택이 정확히 얼마나 되는지를 알기 위해선 많은 연구를 통해 좀더 많은 정보가 필요하다. 이와 함께 가장 성공적이고 저비용의 녹화조림 기술을 결정하는 것도 매우 중요하다. 이같은 지리 환경적 배경을 바탕으로 SFS 호주센터는 프로그램의 초점을 첫째, 에터톤 테이블랜드 지역의 열대우림 상태를 향상시킬 수 있는 조건과 수단을 찾아내는 것과, 둘째, 이지역에서 왜 녹화조림을 통해 열대우림을 복구해야 하는지 그리고 어떻게 복구해야 하는지를 결정하는데 맞추고 있다.

(2) SFS 호주센터 연구 활동

SFS 호주센터의 모든 교육 및 연구 프로그램은 다음과 같은 질문을 바탕으로 하고 있다.

"급변하는 환경적 경제적 상황에서 장차 어떻게 열대우림을 보전할 것인가?"

이 같은 교육과 연구의 바탕은 열대우림과 관련해 호주가 처한 입장을 보면 매우 명백해 진다. 호주에서 열대우림은 현재 동북해안지방을 따라 매우 제한된 지역에만 분포하고 있으며 그나마 고립화 또는 분획화 된 상태로 존재한다. 기상변화는 이 같은 분획화 현상을 더욱더 복잡하게 만들고 있다. 일부 연구에 따르면 계속되고 있는 고온 건조 현상이 숲을 더욱더 고립시키고 작은 조각으로 분획화 시키고 있다고 한다. 아직까지 지구의 기상변화가 열대우림에 미치는 영향에 대한 연구결과는 매우 미미한 상태이다. SFS 호주센터의 장기 연구 계획은 이 같은 대 주제아래 자연식생 상태나 장래 녹화사업에 영향을 미칠 기상변화와 관련한 여러 가지 위협요소들과 함께 열대우림의 특징을 파악하는 것이다. 이를 위한 세부연구 주제는 열대우림의 식생 동태, 양분순환, 종자 산포, 특정 생물종이 필요로 하는 서식조건, 탄소고정의 경제적 가치 및 기상변화가 인류 지역 사회에 미치는 영향 등이다.

열대우림의 위협요소들을 파악해가면서 기상변화에 따른 영향과 피해를 줄일 수 있는 방법과 열대림 복구나 녹화조림 사업의 성공적 수행을 위해 필요한 것도 함께 모색한다. 열대림 복구사업이 장기적으로 성공을 거두고 지주들로부터 호응을 얻으려면 복구사업이 비용 면에서 효율적이어야 하며 생태적 혜택도 뒤따라야 한다. 아니면 복구사업의 성공사례를 본보기로 보여주어야 한다. 따라서 녹화조림 및 열대림 복구사업을 성공적으로 이끌기 위한 수단이 결정되어야 한다. 녹화조림을 통해 복구된 지역의 적절한 사후관리는 나무의 생장상태를 통해 파악될 수 있다. 나무의 생장상태는 복구사업의 성공여부와 다른 생태적 변화에 결정적 정보를 제공하는 지표이다. 특히 향후 복구 사업을 위해 필요한 정보는 경제적으로 또는 생태적으로 가장 건전한 복구방법과 녹화조림 방법 및 특히 조림 후 사후관리 방법에 관한 것이다. 이 같은 정보는 특히 나무를 심고 사후관리 하는 단체나 회사에게 매우 중요하다. 이 같은 정보는 사후관리를 어떻게 하느냐에 따라 나무들의 생장상태나 생존율이 어떻게 달라지고, 심은 나무들의 조기 착근에 어떤 영향을 미치며, 열대림 내에서 종자 산포에 결정적인 역할을 하는 새들의 서식공간에는 어떤 영향을 미치는지를 알 수 있기 때문이다.

이와 관련해 자연복구 후 사후관리 비용을 계산해보고 위기에 처한 숲을 조사해 생장상태와 생존율을 조사하고, 천연적으로 다시 자라는 숲의 생장속도, 수종을 조사하고, 무척추 동물들을 조사해 제초제의 사용 정도에 따른 생태적 영향에 대한 분석을 연구과제로 개발해 매학기 학생들의 연구 활동에 활용하고 있다.

호주센터의 또 다른 연구 활동 분야는 조림녹화 및 열대우림 복구 사업에 대한 사회경제적 의의에 관한 것이다. 이를 위해 열대우림 복구와 장기적 보전의 사회경제적 필요성을 확인하고 이에 필요한 제도나 정책을 제시하는 것이다. 적절한 정책과 제도적 뒷받침은 열대우림의 장기보전의 필요성을 널리 인식시키고 이에 따른 재원확보에 결정적인 역할을 한다. 이와 관련한 학생 연구 프로젝트로는 아카시아 식재의 보전적 가치, 아카시아 식재지에서 조류의 서식활동 여부, 복구사업의 역사, 물, 탄소 고정과 같은 생태계 서비스 계량방법, 복구된 열대우림 지역의 조류 서식 활동 평가, 복구된 숲에서 무척추 동물들의 서식여부, 복구에 따른 교육적 가치 등이다.

(3) SFS 호주센터-무사시 대학 합동 프로그램 개요

이 프로그램은 2000년 일본 요코하마 소재 무사시대학 (Musashi Institute of Technology)의 환경정보학과에서 생태학 수강학생들을 대상으로 개발한 해외 열대림 체험 프로그램으로 시작되었다. SFS의 호주센터 (열대우림센터)와 공동으로 개발하여 운영하고 있는 이 프로그램은 무사시 대학에서 호주의 열대우림 생태관련 자료, 실습대상 지역 GIS 지도 등 SFS 호주 센터에서 제공하는 프로그램 관련 자료를 가지고 일본인 교수의 지도 하에 프로그램 오리엔테이션 등 전반부를 시작한 다음 호주 SFS센터에 와서 나머지부분을 마치게 된다. 호주 SFS 센터에 체류하는 동안 학생들은 현지의 환경보전 단체 (Landcare Australia)나 지역사회 중심의 식목단체 (TREAT: Trees for the Evelyn and Atherton Tablelands)의 환경복원 사업 현장에서 체험 학습활동에 참여한다. SFS-무사시 대학 프로그램은 SFS의 각 센터에서 운영하고 있는 여러 외부기관과의 제휴 프로그램 중 가장 성공적이고 지속적인 프로그램이다. 학생들은 현장실습 및 연구 활동 외에도 주변지역의 온대우림과 천혜의 자연환경을 체험하게 된다. 개인적으로 대부분 대도시 출신의 학생들에게 2주간의 열대원시림 체험은 평생 강렬한 경험으로 남게 된다. 또한 2주간의 체험은 학생들에게 지구환경에 대한 새로운 인식과 국제적 환경의식을 제고시키는데도 커다란 기여를 하고 있다.

프로그램 기간: 12일 (SFS 여름 및 가을 정규 학기 사이에 개설)
참가 학생 수: 회당 20-30여명
인솔 및 지도교수: 2명 (무사시 대학 환경정보학과)
SFS 직원: 전 직원 교대로 참여
사용언어: 일본어 통역을 거쳐 영어로 진행

(4) 프로그램 내용

프로그램의 특징은 환경정보 학과의 프로그램답게 학생들로 하여금 현장에서 수집한 데이터와 이를 컴퓨터 프로그램에 입력 시켜 처리한 다음 그 결과를 분석하고 발표하는 두 가지 중요한 학습활동을 동시에 한곳에서 체험 할 수 있도록 한 점이다. 프로그램 내용의 초점은 호주의 열대림 자원 고갈, 그에 따른 피해와 부정적인 영향 및 피해를 줄이기 위한 환경복구에 맞추고 있다. 이를 위해 SFS-호주센터가 추진하고 있는 연구 및 실험대상지를 견학하고 SFS 호주센터가 추진하고 있는 일부 연구 프로젝트에 참여하는 방식을 취한다. 체류기간 중 일본 학생들이 참여하는 가장 중요한 현장실습 및 학습 활동은 분획화되어 고립된 숲을 서로 잇기 위해 심은 나무들의 생장 상태를 조사하는 실습이다. 이 나무들은 5년 전 무사시 대학과 처음 이 프로그램을 시작했을 때 참여했던 학생들이 심었다. 이는 또 5년 동안 매년 여름 무사시 대학교 학생들이 와서 지속적으로 관찰하고 조사하는 모니터링 프로그램이기도 하다. 실습 기간 중 학생들은 두 숲을 연결하는 통로에 심은 4-5년 생 나무 300 그루에 대해 나무의 높이, 가슴높이 둘레 및 생장상태를 측정하여 관련 데이터를 수집한 다음 일본대학에서 개발한 Dreamweaver 프로그램에 입력시켜 컴퓨터로 처리된 결과를 발표한다. 즉 현장의 데이터 수집과 컴퓨터 프로그램을 이용한 처리 (Cyber Project) 두 가지 과업을 동시에 수행해 환경과 정보를 연결시키는 실습을 한다. 모든 과제 및 발표는 일본어로 하고 채점 또한 인솔 지도교수들이 담당한다. 프로그램 중에는 학구적인 내용 외에도 휴일이나 여가를 이용한 생태관광, 열대우림 체험 등 과외 활동도 함께 실시하고 있다.

(5) 프로그램 일정

1일: 학생 공항 도착, 픽업 및 식물원 방문, Skyrail (호주 Queensland 지역 Cairns에 위치한 생태관광 명소. 열대우림 원시림 위로 설치된 케이블 카를 타고 원시림의 수관을 관찰. 이동거리 7.5 킬로미터), 이동중 야생 캥거루 관찰, Mareeba 유적지 탐방, 커피 농장 방문, SFS 호주센터 도착, 여장 풀기
2일: 센터 소개, 도서실, 컴퓨터실, 온대우림과 인간 정착의 영향 (강의), 원주민 문화와 임업 (현장강의), 생활 속에 남아 있는 역사 (현장강의)
3일: 열대우림분류 (강의), 열대우림해설 (현장강의), 열대우림 식물 식별 (강의), 식물 식별 법 (워크숍)
4일: 숲의 분획화, 고립화에 따른 생태적 영향 (강의), 숲의 분획화 및 주연부 효과 (현장강의), 병충해 관리 및 산림복구를 위한 인센티브, 긴나무좀 (platypus) 관찰
5일: 연결통로 조성을 통한 숲의 결집화 (강의), 숲의 결집 (현장강의), 야행성 동물 관찰 (spotlighting)
6일: 자연복원 기법 (강의), 자연복원에 따르는 장단점 (강의), Lake Corridor 배경설명 및 현장실습, 야행성 동물 관찰 (spotlighting)
7일: 자연복원의 성공여부를 판단 기준 (강의, 현장실습), 데이터 수집 및 보고서 작성
8일: TREAT (나무심기를 통해 방치된 농지를 자연 복원하는 지역사회 중심의 식목단체) 방문, 나무심기 실습, 정글농장 유지관리
9일: 융가부라 재래시장 방문, 현장실습 구두발표 준비, 시험준비
10일: 시험, 디지털 발표 준비, 학생 발표
11일: 커튼 무화과나무, 폭포 등 융가부라 지역 관광, SFS 센터 주변 나무심기

12일: 학생 평가, 대청소, 케이언즈 출발, 케이언즈 숙박
13일: 귀국

바. 사례 5: 몬테베르데 인스티튜트 (Monteverde Institute) 프로그램

(1) 몬테베르데의 역사적 배경

몬테베르데는 코스타리카 서북쪽의 틸라란 산맥(Tilaran Mountain Range)에 위치한 산간 오지마을이다. 몬테베르데는 4킬로미터 떨어진 곳에 위치한 마을 산타엘레나(Santa Elena)까지 포함해 3천5백명 인구의 조그만 마을이다. 이곳은 국립공원이 아님에도 불구하고 매년 세계 각국에서 20여 만 명의 관광객이 찾는 명소로 관광객들을 위한 호텔도 55개에 이른다. 외국인들이 이곳을 찾는 이유는 몬테베르데의 독특한 운무림 (雲霧林) 생태계 때문이다. 운무림은 옆으로 흐르는 안개비로부터 수

분을 섭취하는 독특한 숲이다. 몬테베르데에는 운무림과 함께 태평양 쪽과 카리브해 (대서양)쪽을 가르는 분기점이 위치하고 있어 태평양 쪽에는 건조한 산림대, 카리브해 쪽에는 습한 산림대 등 다양한 산림대가 한곳으로 수렴되는 독특한 기후 환경대를 이룬다. 이 숲 속에선 세계에서 가장 아름답다는 동양의 봉황과 같은 긴 꼬리를 가진 눈부신 새 켓살(questzal)이 산다. 자기 몸통의 반 정도나 되는 밝고 화려한 색의 긴 부리를 지닌 투칸 (toucan)이란 새도 이곳에서 만날 수 있다. 꿀을 빨아먹고 사는 벌새들도 이 숲을 무대로 하고 있다. 운무림은 가지각색의 나비들의 천국이기도 하다. 밝고 아름다운 주황색의 희귀한 황금두꺼비들도 몇 년 전 멸종되기 전까지 이곳을 둥지로 삼았다. 원숭이, 이구아나는 물론 재규어를 동물원 밖에서 보려면 찾아야 할 곳이 바로 이곳이다. 방문객들은 운무림과 그속에 사는 야생동물들을 보기 위해 이곳을 찾는다. 그러나 이곳이 세계적으로 유명한 관광명소가 된 배경에는 매우 흥미로운 역사적 사실이 숨겨져 있다.

(2) 운무림 속에 건설한 퀘이커 교도들의 이상향

오늘날 세계적인 생태관광의 명소가 된 몬테베르데는 50여년 전만해도 아무도 살지 않던 코스타리카 서북쪽 산맥의 이름도 없는 한 골짜기였다. 어떻게 50여년 사이에 그 같은 변화가 일어났을까? 50여년 밖에 되지 않는 이 산골마을의 역사를 살펴보면 흥미로운 점이 한두 가지가 아니다. 무엇보다도 제일 흥미를 끄는 부분은 이 마을을 건설한 사람들이 티코(Tico, 코스타리카사람들 스스로를 지칭하는 말)가 아니라 미국의 퀘이커 교도들이었다는 점이다. 1940년대 말 미국정부는 계속되던 동서간의 긴장 때문에 이차대전이 끝난 후에도 모든 젊은이들을 대상으로 징집명령을 실시했다. 극도의 평화주의자였던 퀘이커 교도들은 미정부의 징집명령에 불응했고 많은 퀘이커 교도들은 이 때문에 수감되기도 했다. 수형생활을 마치고 나온 앨라배마 출신 퀘이커 교도 4명은 미정부의 군사외교정책에 실망해 자신들과 뜻을 같이 하는 친구들과 함께 미국을 떠나기로 작정하고 미국과 인접해 있거나 멀지 않은 곳의 캐나다, 멕시코, 중남미를 대상으로 새로운 삶의 터전을 찾기 시작했다. 여러 후보지 가운데 최종적으로 이들이 정착을 결정한 곳이 코스타리카의 몬테베르데 였다. 몬테베르데는 직역하면 "푸른 산 (Green Mountain)" 이란 의미를 지닌다. 이들이 코스타리카의 몬테베르데를 자신들의 새로운 보금자리로 선택한 것은 당시 코스타리카 정부의 평화주의 정책과 군대를 갖고 있지 않은 점이 자신들의 철학과 일치했기 때문이다. 또한 코스타리카 중에서도 특히 서북지역의 몬테베르데를 선택한 이유는 수도인 산호세로부터 멀리 떨어진 오지라는 점들이 은둔자적 생활을 원했던 이들에게 크게 작용했다. 교통이 발달한 오늘날 산호세에서 이곳까지 반나절이면 올수 있지만 교통이 불편했던 1950년대 초 이곳은 오지 중의 오지였다.

1951년 뜻을 같이한 열한 가정의 44명의 퀘이커교도들이 미국 앨라배마로부터 이곳 몬테베르데로 이주해 왔다. 일부는 비행기를 타고 왔지만 일부는 자신들의 가재도구를 트럭에 싣고 4개월에 걸쳐 운전해 오기도 했다. 현재도 몬테베르데로 들어가는 진입로는 좁고 비포장인데다가 험한 산에 길이 나있어 위험하기 짝이 없다. 1950년대 당시 이곳의 도로는 소달구지용으로 만든 것으로 트럭이 다닐 수 있는 환경이 전혀 아니었다. 이런 도로를 일부 구간을 보수하거나 새로 건설해 가면서 어렵게 이삿짐을 날랐다. 이들 퀘이커 교도들은 몬테베르테에 도착 후 자신들이 살 집과 교회, 마을회관, 학교 등을 지으며 마을을 건설했다. 이들은 또 1500 헥타르 (450만평)의 임야를 산 후 일부 산림을 개간해 목축을 시작했다. 처음에는 우유를 생산했지만, 우유를 생산해 꼬불꼬불하고 먼 산길을 내려가 산 아래 마을에 우유를 팔기보다 우유보다 수송에 유리한 치즈를 만들기 시작했다. 우유로부터 시작해 좀더 부가가치가 높은 치즈, 분말치즈, 요구르트, 아이스크림 등 생산품목을 다양화 시키고 부가가치가 높은 제품을 만들었다. 세계의 많은 낙농국가들의 목축업 발달 과정을 보면 비슷한 사례를 많이 볼 수 있다. 초창기 하루 10킬로그램 정도 생산하던 치즈 생산량은 현재 일일 1000킬로그램으로 크게 늘어났다. 이 외진 산

간마을에서 치즈공장은 마을의 경제의 중추적 역할을 담당하게 되었다. 목축과 낙농 중심의 평범한 마을로 남아 있을 뻔 했던 몬테베르데가 생태관광의 천국이 될 수 있었던 사유에는 현지의 독특한 운무림 생태계의 존재를 무시 할 수 없지만, 퀘이커 교도들이 정착초기 자신들의 건강과 위생을 위해 내린 하나의 작은 결정이 씨앗이 되어 오늘에 이르게 되었다.

(3) 몬테베르데 마을 및 운무림 보존 지구 사진

사진 1. 퀘이커교도들이 설립한 치즈 공장 입구 간판

사진 2. 치즈 공장

사진 3. 몬테 베르데 인근 산타 엘레나 마을

사진 4. 산타엘레나 중심가. 생태관광업 간판들로 빼곡하다

사진 5. 몬데 베르데 관광 시설 안내판

①

②

③

④

사진 6. 운무림 숲 속 풍경 (① 운무림 내, ② 나뭇가지 위에 착생식물이 붙어 가지위에 작은 숲을 이룬 모습, ③ 가지위의 착생식물이 피운 꽃, ④ 몬테 베르데 자연보존지구 내 나무 고사리를 관찰하는 학생들)

사진 7. 커피 열매

사진 8. 벌새. 몬테베르데 보존지구 입구

사진 9. 몬테베르데 운무림 보존지구 내의 다양한 식물들

사진 10. 유기농으로 재배한 코스타리카 커피 포스터 (몬테베르데 인스티튜트 내)

(4) 세계어린이들을 위한 영원한 숲

역사에는 하나의 작은 결정이 씨앗이 되어 후세에 막대한 영향을 미치는 거대한 사건으로 발전하는 경우가 종종 있다. 코스타리카 몬테베르데의 열대 운무림 보전지구들도 자연보전이라는 관점에서 볼 때 그 같은 예에 속한다. 몬테베르데 주위에는 크고 작은 보호지구들이 여럿이 존재한다. 그 중 가장 대표적인 곳은 1만 6백 헥타르의 몬테베르데 운무림 보존지구 (Monteverde Cloud Forest Preserve), 310 헥타르 산타 엘레나 보전지구 (Santa Elena Reserve), 1만 7천 헥타르의 세계 어린이들을 위한 영원한 숲 (Bosque Eterno de los Niños) 이다. 특히 인상적인 것은 이들 세 숲이 서로 떨어져 있지 않고 한데 붙어 있다는 점이다. 또한 '세계 어린이들의 영원한 숲'은 몬테베르데 운무림 보존지구와 산타 엘레나 보전지구를 보호하기 위해 두 곳 주위를 에워싸고 있는 형태를 취하고 있다. 실제로 영원한 어린이들의 숲은 먼저 생긴 몬테베르데 운무림 보존지구를 보호하기 위해 그 경계선 주변 지역을 구입하면서 탄생되었다.

더욱더 흥미로운 것은 먼저 생긴 몬테베르데 운무림 보존 지구도 사실은 630헥타르의 한 작은 숲을 보호 할 목적으로 1960년대와 70년대에 걸쳐 그 주위의 숲을 매입하면서 탄생되었다. 즉 630헥타르의 작은 숲이 씨앗이 되어 일만 헥타르가 넘는 몬테베르데 운무림 보전지구가 탄생되었고, 다시 이를 보호하기 위해 그보다 더 큰 면적의 세계 어린이들을 위한 영원한 숲이 파문을 일으키듯 그 주위에 만들어졌다.

3만 헥타르 정도의 거대한 보호지구 탄생의 씨앗이 된 630여 헥타르의 작은 숲은 바로 퀘이커 교도들이 1950년대 이곳에 정착하면서 구입한 땅의 일부였다. 이들은 몬테베르데에 정착한 후 목축업을 위해 구입한 숲의 일부를 벌채 하였다. 그러나 자신들이 마실 물의 수원지를 보호하기 위해 마을 뒷산 계곡 주위의 숲 630헥타르 가량은 벌채하지 않고 남겨두었다. 1960년대 우연한 기회에 미국대학의 과학자들이 내려와 수자원 보호를 위해 남겨둔 숲에 사는 새들을 연구하면서 이 숲이 지니는 생물다양성 가치가 널리 알려지게 되었다. 이들은 이 숲을 보호하기 위해 그 주의의 더 넓은 숲이 보호되어야 할 필요성을 느끼고 자연보전회 (The Nature Conservancy), 오드본 소사이어티 (Audubon Society)등 국내 환경단체는 물론 세계자연 기금 (World Wildlife Fund)과 같은 세계적인 환경단체들이 모금활동을 펼쳐 보호지구의 씨앗이 된 상수원 주변의 숲 4천 헥타르를 매입했고, 몬테베르데 주민들과 과학자들이 주축이 되어 몬테베르데 자연연맹을 만든 다음 모금활동을 벌인 결과 2천 헥타르의 숲을 추가 구입할 수 있었으며, 열대 과학연구소(Tropical Science Center) 소유 4천 헥타르의 숲을 포함해 총 1만6백 헥타르의 몬테 베르데 열대 운무림 보존지구가 만들어지게 되었다.

그러나 1970년대와 80년대에 걸쳐 코스타리카의 열대림은 전국적으로 급속도로 파괴되기 시작했다. 당시 코스타리카는 미국의 맥도널드나 버거킹과 같은 햄버거 체인점에 공급할 쇠고기를 생산하기 위한 목축업이 성행하고 있었다. 당시 코스타리카의 열대림은 효자 수출품인 쇠고기 생산의 방해물이었다. 그같은 상황에서 몬테베르데의 열대 운무림도 목축개발의 압력을 크게 받고 있었다. 또한 몬테베르데 인근의 숲에서는 불법 점거자들과 함께 야생 동식물들을 불법으로 포획 채취하는 일이 끊이지 않고 일어나고 있었다. 이같은 위협으로부터 기존의 보전지구를 더 안전하게 보호하기 위해선 인접지역의 더 넓은 숲을 보전지구로 설정해야 할 필요가 있었다.

1987년 몬테베르데 자연보전 연맹 (Monteverde Conservation League) 회원이었던 샤론 킨스맨은 열대림 보전을 위한 국제적 여론 환기와 국제사회의 도움을 요청하기 위해 스웨덴의 한 초등학교를 방문해 5,6학년 학생들을 대상으로 몬테베르데 운무림에 대해 강연을 하게 되었다. 그녀의 강연은 모금활동을 전제로 한 것은 아니었다. 그러나 그녀의 강연에 감동을 받은 학생들은 즉석에서 모금활동을 시작해 전교생을 대상으로 모은 돈을 몬테베르데 자연보전 연맹에 보냈다. 이기금으로 몬테베르데 자연보전지구의 인접지역의 숲을 매입하고 "스웨덴 어린이의 숲"이라고 명명하였다. 그러나 스웨덴 어린이들의 모금 활동은 거기서 그치지 않았다. 이들은 스웨덴 전국에 걸쳐 모금활동을 계속했고 백만불 이상을 모금해 몬테베르데 자연보전연맹에 전달했다. 열대림 보호를 위한 스웨덴 어린이들의 모금 활동 소식이 전 세계에 알려지면서 영국, 미국, 캐나다, 독일, 일본에서도 비슷한 모금활동이 시작되었다. 결국 전 세계 어린이들이 모금한 기금으로 일만 6천 헥타르의 숲을 추가로 매입 하게 되었다. 새로 매입한 숲은 "세계 어린이들을 위한 영원한 숲" (Bosque Eterno de los Niños)으로 명명되었다. 이 숲은 열대국가에서 사유림으로서는 세계에서 최대 규모의 숲이 되었다.

퀘이커 교도들이 수자원 보호를 목적으로 남겨둔 630헥타르의 작은 숲이 씨앗이 되어 현재 몬테베르데에는 3만헥타르 이상의 자연보호지구가 설정되어 있다. 이들은 사유림 보전지구로 국가가 관리하는 국립공원 보다 훨씬 효율적으로 보전활동을 펴고 이들을 활용한 교육 및 생태관광업으로 자체 수입은 물론 지역사회 경제에도 중추적인 역할을 담당하고 있다.

(5) 세계 어린이를 위한 영원한 숲 사진

사진 11. 세계 어린이들을 위한 영원한 숲으로 들어가는 입구 및 간판

(6) 몬테베르데 인스티튜트

몬테베르데는 이처럼 흥미로운 역사적 배경과 함께 파괴되지 않은 생태적가치가 높은 열대운무림 속에서 인구 3천5백명의 조그만 지역사회를 이루고 있다. 이 같은 환경을 교육 및 연구목적으로 활용하려는 노력이 많이 이루어지고 있는 가운데 대표적인 예가 몬테베르데 인스티튜트다. 몬테베르데 인스티튜트 (Monteverde Institute: MVI)는 1986년 몬테베르데 주민들에 의해 비영리 교육기관으로 설립되었다. MVI는 외국학생들을 위한 국제학 연구와 함께 몬테베르데 주민들을 위한 교육 및 문화적 기회를 접목시키는 역할을 하고 있다. MVI는 세계 각국의 각급 학교들과 제휴를 맺고 열대생물학 및 열대림 보전, 지속가능한 발전, 정치경제학, 지속가능한 설계 (건축, 조경 및 자원관리, 지역사회 계획), 공중보건, 스페인어, 코스타리카 문화 등의 다양한 교육 프로그램을 운영하고 있다. MVI에서는 연구활동도 활발히 이루어지고 있다. 지역, 국가 또는 국제적 차원에서 환경상태의 악화, 생물다양성 감소 및 급격한 사회적 인구적 변화 및 지역사회의 건강문제에 응용 할 수 있는 연구를 직접수행하거나 후원하고 있다. MVI에서는 지역사회를 위한 각종 활동도 펼치고 있는데 대표적인 예가 해마다 열리는 몬테베르데 음악축제, 미술축제, 환경축제 등이다.

(7) 교육방법

MVI의 교육 프로그램은 장기 (4-12주) 및 단기 (1-3주) 프로그램이 있으며, 프로그램 내용은 생태, 지역사회 발전, 공중보건, 경제, 환경보전, 문화, 언어, 국제학 등 다양한 분야를 동시에 다루는 학제적 성격을 지닌다. MVI의 설립취지와 사명과 일치하는 범위 내에서 몬테베르데 지역사회가 직면한 환경, 사회, 문화, 경제적 문제들을 직접 다루며 현장중심의 교육을 실시한다. 교육대상은 세계 각국의 고등학생, 대학생, 대학원생, 일반인들로 다양하다. 년 간 20여개의 장단기 프로그램을 운영하며, 프로그램에 참여 인원수도 년 간 500여명이 넘는다. 또한 몬테베르데 지역주민들도 각종 교육프로그램에 참가 할 수 있다. MVI에는 각종 교육프로그램을 위해 강의실, 강당, 도서실, 컴퓨터실, 기숙사, 자체 연습림 등의 시설을 갖추고 있다.

MVI 프로그램은 지구촌의 시민들이 환경문제와 관련해 얼마나 정확한 정보에 입각해 책임 있는 의사결정을 하느냐에 달려있다는 가정에서 시작한다. MVI의 프로그램은 이론적 바탕, 실제응용 및 새로운 문화에 노출을 통해 학생들로 하여금 향후 인류가 직면하게 될 환경문제에 적극적으로 대응 할 수 있도록 한다. 각 프로그램을 이끄는 강사들은 지속가능성과 지역사회개발과 같은 주제에 대해 학문적 업적이 큰 세계유수 대학의 교수들로부터 시작해서 학문적 배경 없이 전적으로 자신의 경험과 체험에 의존하는 현지 전문가들 까지 다양하다. MVI 교육프로그램은 현지 전문가 및 개혁자들에 의해 쌍방향 강의로 진행되고 다양한 현장 활동을 포함한다. 또한 지역사회가 직면하고 있는 현실적인 문제를 직접 다룸으로써 학생들은 실질적인 현장 연구조사 능력을 배양할 뿐만 아니라 연구 활동, 정책결정 및 시행 등이 서로 어떤 연관을 맺고 있는지에 대한 이해를 증진시킨다. MVI 프로그램은 생태학적 연구 방법 뿐만 아니라, 지역사회의 제현상을 관찰 또는 인터뷰 같은 방법을 통해 학생들로 하여금 인류학적 또는 사회학적 연구기법도 익히도록 한다. 학생들이 연구를 마친 후엔 지역사회문제에 대한 의사결정권을 지닌 정책입안자, 계획가, 지역주민들 앞에서 구두발표회를 갖는다.

교육프로그램이 현실적인 문제를 직접 다루고 있는 예를 들면, 2002년 개설되었던 '지속가능한 미래' 프로그램과 '공중보건' 프로그램을 꼽을 수 있다. '지속가능한 미래' 프로그램 참가학생들은 몬테베르데 마을회관, MVI 캠퍼스, 야외 놀이 공간들의 개발계획과 관련하여 여러 가지 시나리오를 정하고 각 시나리오에 맞는 설계안과 각 시나리오에 따른 환경영향 및 긍정적인 효과를 예측하기도 했다. 또한 현재 인구 및 상업 활동이 급속히 증가하고 있는 산타엘레나에 적용할 수 있는 여러 가지 시나리오를 가정하고 그에 따른 각종의 환경적 영향, 주거 및 경제활동 공간의 규모를 예측하였다. 공중보건 프로그램은 각종 음식물의 안전문제, 젊은이와 어른들을 위한 놀이 공간, 관광업이 지역사회 공중보건에 미치는 영향, 치즈공장의 작업환경, 여성을 위한 산전 산후 조리시설 등에 관한 문제들을 다루었다.

MVI의 각종 교육프로그램은 언어와 문화체험을 병행하고 있다. 많은 교육생들이 마을 주민 가정에 입주해 문화적 체험을 하고 스페인어도 익힌다. 이는 학생들이 새로운 세계에서 이질적 문화와 마주하게 되었을 때 어떻게 대처하고 접근해야 하는지에 대한 경험을 쌓는 기회가 된다. 또한 학생들을 가정에 입주시킴으로써 경제적 혜택을 마을전체로 분산시키는 효과를 거둘 뿐만 아니라 주민들에게 국제교육의 중요성 문화교류의 중요성을 인신시키는 역할을 한다.

MVI 프로그램 기간 중 지속가능성을 논의할 뿐만 아니라 작은 것이라도 지속가능을 위해 도움이 되면 직접 실천한다. MVI내에서는 적게 쓰고, 다시 쓰고, 재활용하는 3R (Reduce, Reuse, Recycle) 운동을 최대한 실천하고 있다. 새로운 차량을 구입하기보다 기존의 차량을 최대한 수리해서 쓰며, 연비가 높은 차량을 이용한다. 필드 트립기간 중에 머무는 호텔도 견학이나 현장실습과 가까운 곳에 정해 불필요한 교통량을 줄인다. 야외활동을 위해 점심을 싸가야 할 경우 플라스틱 봉지를 쓰지 않고 천으로 만든 도시락 주머니를 사용한다. MVI 학생들을 위한 식료품은 풀어놓고 키운 닭, 유기농법으로 생산된 야채를 쓰며, 현지주민이나 지역사회가 운영하는 상점이나 기업을 최대한 이용한다.

(8) 몬테베르데 인스티튜트 사진

사진 12. 몬테베르데 인스티튜트
(윗줄: 입구, 본관정면, 본관측면, 아랫줄: 도서관, 식당, 간이기숙사)

(9) 교육프로그램의 예

MVI의 교육프로그램은 주문형이다. 교육프로그램 참가를 희망하는 측과 협의를 통해 프로그램 내용을 결정한다. 따라서 정형화된 프로그램이 존재하지 않고 프로그램 참여 기관의 요구에 맞추어 수시로 이루어진다. 아래 소개하는 두 프로그램은 2004년 여름 실시되었던 프로그램들 이다. 두 프로그램 모두 매일 정해진 주제에 알맞은 기관이나 현장을 방문하고 현지의 전문가들과 함께 강의, 실습, 토론으로 진행되었다. 첫 번째 프로그램은 현장체험 중심의 일반적 프로그램이고 두 번째는 학술적 성격이 강한 전문적 프로그램이다.

(가) 프로그램 사례 1: 국제환경법 및 지속가능한 발전

대상: Boston College 학생
학습기간: 3주
강사진: 현지 전문가, 방문지 직원, MVI 직원

1) 프로그램 개요 및 학습 목표

코스타리카는 농업과 생태관광 산업의 발전으로 생물다양성이 높은 열대우림지역의 보전과 농업 생산을 병행할 수 있는 지속가능한 발전을 추구하고 있다. 그러나 아직까지 충분한 연구가 진행되지 않은 열대우림이 개발을 명목으로 파괴되는 일이 계속되고 있으며 세계 경제의 국제화와 함께 농업생산을 늘이기 위한 목축지 확대에 따른 압력도 증가하고 있다. 생물다양성 보전과 열대우림 보전을 위한 코스타리카 정부의 정책과 국제적 협력을 알아보고 농업 및 생태관광의 현장을 방문해 지역사회가 안고 있는 문제점을 세계화의 관점에서 학습한다. 이 프로그램은 학생들에게 세계화된 경제 환경이 개발도상국의 자연보전에 미치는 영향과 국제적 협력을 통한 보전 노력이 이루어지고 있는 현장을 직접 방문하고 체험을 통해 관련된 문제 및 해결 방안을 이해하는 것을 목표로 한다.

2) 프로그램 일정

1일: 산호세 도착, 숙소배정, 프로그램 및 코스타리카 오리엔테이션

2일: 생물다양성 및 지속가능한 발전 (산호세)

방문기관:
- 환경 및 자연자원 법률 센터 (CEDARENA, Environmental and Natural Reosurce Law Center): 국제 환경법 연구 기관

- 국립생물다양성 연구소 (INBio, National Biodiversity Institute): 코스타리카의 모든 곤충, 식물을 조사해서 등록하는 기관
- 국제 정치경제 및 지속가능한 발전 연구소 (CINPE, International Center for Political Economy and Sustainable Development)

강의 1: 환경법 및 지속가능한 발전 (CEDARENA)
강의 2: 코스타리카의 생물다양성 보전 및 연구의 재정지원 (INBio)
강의 3: 정치경제 및 지속가능한 발전 (CINPE)

3일: 자연자원 관리와 발전 (산호세)

방문기관:
- Estado de la Nacion Project (State of the Nation Project): 코스타리카의 환경상태 및 지속가능한 발전을 위한 연구기관
- 환경 및 에너지부 (MINAE, Ministry of Environment and Energy)

강의1: 코스타리카 발전과 국제협력 (Estado de la Nacion)
강의2: 지구환경의 공익적 기능 (Global Envrionmental Facility)
강의3: 코스타리카의 자연보호지구 및 국제적 협력

4일: 생태관광 개발을 위한 국제적 협력 (Arbofilia)

방문기관:
- Arbofilia: 카라라 국립공원 인근에 위치하고 있으며 다양성이 높은 두 생태계, 즉 코스타리카의 북부의 활엽수림대와 쵸코 다이리엔 (Choco-Dairien, 에콰도르의 쵸코지방에서 파나마의 다이리엔 지방에 이르는 다습지역)의 두 산림대가 서로 마주치는 곳이기도 하다.

현장견학: Arbofilia
강의: 닮은 숲 (Analogue Forest)

5일: 자연과 인간사회, 경관생태학 및 자연복원 시스템 (Arbofilia)

현장견학: Arbofilia
체험활동: 나무심기, 양묘장 작업
강의 및 토론

6일: 코스타리카 자연보전 정책 및 국립공원제도 (Cabo Blanco 해양국립공원)

현장탐방: Cabo Blanco 해양국립공원
강의: Cabo Blanco의 역사

7일: 코스타리카 자연보전 정책 및 국립공원제도 (Cabo Blanco 해양국립공원)

현장탐방: Cabo Blanco 해양국립공원
강의: 해양생물학
토론: Cabo Blanco 해양국립공원

8일: 몬테베르데

몬테베르데는 운무림, 대륙 분기점을 중심으로 건조한 태평양 쪽 산림대와 습한 대서양 쪽 산림대가 서로 한곳에서 만남으로써 높은 생물다양성을 지닌다. 많은 동물들이 계절에 따라 야생열매 등 먹이감을 쫓아 고지대와 저지대를 이동하거나 대륙분기점을 중심으로 태평양 쪽과 대서양 쪽을 서로 넘나든다. 계절에 따라 서식처를 옮기는 야생 동물 중 하나가

three-wattled bellbird (목에 긴 육수가 늘어지고 종소리 같은 울음소리를 낸다) 이다. 방문지는 보호지역 확대를 위해 추가매입 대상 지역에 위치한 Los Llanos Conservation Center 이다.

방문지: Los Llanos Conservation Center
현장강의 및 토론: 현장탐방 및 Three Wattled Bellbird의 자연사

9일: 자연보전 및 생태관광 (몬테베르데)

몬테베르데는 코스타리카 북서쪽에 위치하고 있다. 희귀하고 독특한 열대 운무림대가 대륙분기점을 중심으로 카리브해 쪽과 태평양 쪽에 걸쳐 형성되어 있다. 몬테베르데 보존지구는 10,500 헥타르의 숲으로 이루어져 있다. 이곳은 기후와 지리적 특성 때문에 기온과 습도가 좁은 지역 내에서 급격하게 변한다.

방문지: 몬테베르데 운무림 보전지구
현장강의: 자연보전과 생태관광 (몬테베르데 보존지구 직원)
강의: 코스타리카의 환경역사

10일: 대규모 상업 관광 (몬테베르데)

현장강의1: 사업가 입장에서 본 몬데베르데의 생태관광 (El Establo)
현장강의2: 야생생물의 생태관광 목적 이용에 따른 규제 및 법규 (Frog Pond)

11일: 경관 생태학, 지역사회 중심의 생태관광업 (Monteverde)

Finca La Bella는 몬테베르데 운무림 보존지구에서 얼마 떨어지지 않은 곳에 위치한 농장조합이다. 이곳에서 여러 농가들이 토양보전, 수확증

대, 토착수종을 이용한 조림과 병행해 커피, 우유, 채소를 생산하고 있다. 농장을 방문해 현재 농장에서 사용되고 있는 지속가능한 농업생산 시스템에 대해 배우고 농부들과 직접 접촉 할 수 있는 기회를 갖는다.

강의: 경관생태학
현장탐방: San Luis 및 La Bella, Coffee Beneficio 농장 방문

12일: 유기농 커피 무역 (몬테베르데)

현장탐방: 커피농장 방문
현장강의: 유기농 커피 무역 (Santa Elena 조합 대표)

13일: 휴식

14일: 세계 어린이들을 위한 영원한 숲 (San Gerardo)

San Gerado는 몬테베르데 보전 연맹이 소유하고 있는 땅의 일부로 대륙분기점에서 카리브해 쪽에 위치하고 있는 생물연구소이다. 이곳의 산림대는 대서양쪽 경사면에 위치하며 산지림이 시작되기 전단계의 산림대를 형성하고 있다. 1991년 몬테베르데 보전연맹은 San Gerardo 지역의 대부분의 토지를 구입해 세계 어린이들을 위한 영원한 숲에 포함시켰다. 당시 연맹에서는 자연보전을 통해 외채를 탕감해 주는 (debt for nature) 기금을 활용했다. 일부 지주들은 토지매매나 이주를 원하지 않아, 연맹에서는 해당지역을 지속가능하게 발전시켜 지역사회의 생계를 개선할 수 있도록 함과 동시에 다른 지역을 위한 모범 사례를 만드는데 합의했다. 주택, 방문자 센터, 실험실 및 진입로 건설을 위한 재원을 마련했다. Gerado 생물연구소는 1994년 학생이나 연구자들을 돕기 위한 목적으로 개설되었다. 방문자들은 Arenal 화산을 한눈에 볼 수 있으며 주위의 숲을 통해 등반도 할 수 있게 되었다. 그러나 San Gerado는 원래

계획했던 것처럼 성공적으로 지속가능한 발전을 이루지 못했다. 학생들은 방치된 마을을 방문하여 이와 관련한 사회적, 경제적, 환경적 문제들을 토론한다. 하루 낮과 밤이 꼬박 걸리는 하이킹도 현지 안내인의 도움을 받아 할 수 있다. 이곳에선 희귀한 조류 중 하나인 umbrella bird도 종종 볼 수 있다.

방문지: San Gerado Biological Station
탐방: 현지 자연사 관찰 및 탐방
강의: San Gerado 역사
탐방: 야간 탐방 및 관찰

15일: 자연보전에 따르는 사회적 비용 (San Gerardo)

방문지: 방치된 폐농촌
강의 및 토론: 자연보전과 외채탕감
탐방: 야간관찰

16일: 몬테베르데로 이동 (Los Llanos)

슬라이드 강의: 박쥐 (Richard La Val)

17일: 세미나 (몬테베르데)

학생 세미나
현장실습: 야간 박쥐 체포 실습

18일: 대체에너지 및 국제협력 (La Fortuna)

아레날 지역은 활화산 (Arenal Volcano)으로 유명하다. 1968년 폭발

당시 80명의 인명을 앗아가기도 했다. 2000년에도 한차례 폭발해 일부 지역은 접근이 불가능하다. 이 지역은 화산 외에도 많은 흥미로운 점을 갖고 있다. 화산 근처에는 중앙아메리카에서 두 번째로 큰 아레날 호수가 있다. 이 호수는 코스타리카에서 최대의 발전용량을 지니는 발전소가 있으며 수력발전 장치와 풍력을 이용한 터빈은 대체 에너지 공급원으로 각광을 받고 있다. 현장을 방문하고 대체에너지와 관련된 문제들을 토론해 본다.

방문지: 아레날
강의: 국제협력을 통해 건설된 수력발전사업
탐방: 용암천

19일: La Fortuna

휴식, 래프팅, 온천

20일: 산호세로 이동

송별만찬

21일: 출국

(나) 프로그램 사례 2: 공중보건을 위한 현장기법

대　　상: 관련분야의 학생이나 일반인
학습기간: 6주
강 사 진: 미국대학 보건 및 의료관련 학과 교수 7명이 연구방법을 담당하고 코스타리카, 몬테베르데 및 연구윤리에 관한 내용은 미국대학 교수와 현지전문가가 공동으로 진행한다.

1) 프로그램 개요

본 강좌는 의료인류학 연구에서 사용되는 계량적 또는 정성적 연구방법의 심층 탐구와 지역사회 보건을 평가분석 하는 현장연구 기법에 초점을 맞추고 있다. 참가 학생들은 세계화의 영향으로 사회, 문화, 경제적으로 급속하게 변하고 있는 지역사회 환경에서 보건과 의료와 관련된 문제들을 관찰하고 탐구한다. 학습방법은 다분야의 전공자들로 구성된 팀에 의해 지역사회의 주요 문제들에 대해 강의, 현장실습, 현장조사 등의 방법으로 진행된다. 연구결과는 지역사회 구성원들이 모인 공개석상에서 발표된다. 2004년도 프로그램에서 다룰 과제들은 학생들이 교수진과 지역전문가들의 자문을 받아 다음과 같은 분야로 결정했다: 영양 및 식품 안전, HIV/AIDS, 타지 전입자들의 건강문제, 가정 및 이웃의 환경보건 및 청소년 보건. 좀더 상세한 연구주제들은 프로그램을 진행하면서 결정한다.

2) 학습 목표:

1. 참여 학생이 몬테베르데 지역의 오지 마을의 보건상태를 확인하고 평가하는데 필요한 계량적 방법과 정성적 방법을 숙달 할 수 있도록 한다.

2. 학생들이 다음과 같은 인류학 및 유행병학 현장조사 기법을 이용하여 연구계획서 작성에서부터 자료수집 및 자료 분석 및 관리에 이르는 연구방법을 실습하다.

- 공동현장작업
- 신속 진단평가 절차
- 의생태학적 접근방법
- 식이조사 방법
- 환경 및 작업장 보건 조사 방법

3. 시급한 보건 문제에 대해 정확한 자료 수집과 발표를 통해 지역사회 구성원들과 관련기관에 봉사한다.

3) 과제물

1. 현장일기
2. 학기 개시 전까지 인간을 대상으로 하는 연구 수행에 필요한 인터넷 윤리과정 수료
3. 조별 단체 연구 계획서 제출 (제출 전 지도교수의 지도와 윤리위원회의 승인을 통과해야 함)
4. 연구결과에 대한 포스터 작성 및 조별 발표 (영어 및 스페인어)
5. 지역사회 주민 및 이해관계자들 앞에서 구두 발표
6. 모든 회의, 강의, 현장 활동, 저녁강좌, 점심강좌 및 스페인어 교실 참석
7. 학습활동과 관련한 자료 숙독
8. 몬테베르데 체류기간 중 현지주민 가정에서 홈스테이

4) 프로그램 일정

1주: 코스타리카 보건제도 오리엔테이션 - 전국, 지방, 지역 차원

학습 주제 및 학습목표

첫 주의 학습목표 : 1) 코스타리카의 보건제도 및 정책 소개 2) 연구조사 활동과 관련해 연구자가 지켜야 할 윤리 및 의무사항 소개 3) 조별 연구를 위한 토론시간, 연구를 위해 관련자들과 서로 친숙해 질 수 있도록 시간적 여유제공 4) 몬테베르데의 주위 환경에 익숙해 질 수 있도록 오리엔테이션 실시. 현장 방문, 현지전문가 강의, 지도교수 강의 등을 통해 학생들은 개발도상국 코스타리카가 직면해 있는 주요 보건문제를 이해

시키는 것을 목표로 한다. 일단 몬테베르데에 도착하면 현장방문 및 여러 가지 학습활동을 통해 주변의 지리환경, 주요 보건문제 및 지역의 인구분포 상 특징 등을 배우고 익힐 기회를 갖는다.

시간계획: 프로그램은 수도 산호세에 머물면서 여러 정부기관을 방문하면서 시작된다. 몬테베르데로 향하는 도중 여러 지방 병원을 방문한다. 몬테베르데에 도착한 후에는 홈스테이 가정 입주 전 몬테베르데에 대한 오리엔테이션을 실시한다.

1일: 산호세 도착, 자기소개 (산호세)

2일: 코스타리카 및 프로그램 오리엔테이션 (산호세)
방문지: 코스타리카 대학 공중보건학과
강의: 코스타리카 기본 보건 및 건강 정책 역사
토론: 프로그램을 통한 기대 및 성과, 기본 수칙 결정

3일: 코스타리카의 최근 공중보건 역사 및 현황 (산호세)
방문지: 코스타리카 대학 공중보건학과
강의: 대학이 추진 중인 연구 프로그램
현장탐방: 산호세 시내 Calderon Guardia 종합병원
연구수행에 도움이 될 관료, 정부기관 공무원들과 면담

4일: 몬테베르데로 이동
방문지: 푼타아레나스 병원 방문
강의 및 토론: 푼타아레나스 지역 보건성 활동 및 주요 정책 및 몬테베르데와의 관계
몬테베르데 호텔 투숙

5일: 몬테베르데 인스티튜트 오리엔테이션 (몬테베르데)

강의: 몬테베르데의 사회 환경적 역사적 배경
오리엔테이션: MVI 시설, 프로그램, 직원
점심: 지속가능한 미래 프로그램 학생 및 교수진들과 점심
방문지: 몬테베르데 진료소
소개 및 토론: 몬테베르데의 지역보건 문제
현장탐방: 산타엘레나 및 주변 지역 방문

6일: 전통진료 방식 (몬테베르데)
강의 및 토론: 민간의학
연구조 편성
세미나 시리즈 특강: 민속식물학
현장방문 및 강의: 전통 치유사 집 방문, 전통의술 및 민간요법 강의

7일: 홈스테이 결정, 연구조사에 따르는 윤리문제 (몬테베르데)
강의: 과거 추진된 연구 프로젝트 소개 및 발표
워크숍: 인간을 대상으로 한 연구에 따른 문제 점검: 역사적 관점 조명, 관련 양식 기재 및 제출 요령지도
홈스테이 가정 배정, 홈스테이 오리엔테이션, 이중문화 환경 실습

8일: 몬테베르데 운무림 보존지구 탐방

2주: 공중보건을 위한 신속 진단 절차 (몬테베르데)

주제: 강의, 현장진료 실습, 조별토론 등의 학습 활동을 통해 지역사회 보건 연구를 위해 필요한 신속 진단 절차를 익히는 것을 목표로 한다. 이 주의 학습 초점은 의료 인류학, 참여적 접근방법, 지역사회를 중심으로 연구 및 연구활동과 관련한 윤리문제, 사적 인터뷰, 계량기구 개발 및 시험 등이다.

1일: 의료 인류학 입문, 신속 조기 진단 및 참여적 접근 방법 (몬테베르데)
스페인어 강좌
교수진 소개 및 주간 목표 설정
조기진단 및 참여적 접근 방법 세미나
의료 인류학 입문
진찰 및 현장 활동 계획 수립
조별 활동: 정성부문 연구 팀/현지 연구 자료 및 인적 자원 팀

2일: 진찰 및 참여자 진찰 (산타엘레나, 몬테베르데)
스페인어 강좌
진찰 현장 실습 (산타엘레나, 카니타스)
세미나 시리즈 특강: 계량적 및 지역사회 참여자 공중보건 연구에 따르는 윤리적 문제들
진찰 결과 토론 및 분석, 참여자 진찰 준비
조별 활동 (지도교수 참여)

3일: 참여자 진찰 및 비공식 인터뷰 (산타엘레나, 카니타스 지역)
참여자 진찰 현장진료 (2개 조 조별 활동)
진찰 결과 토론 및 분석, 참여자 진찰 준비
조별 활동 (지도교수 참여)

4일: 비공식 인터뷰 및 진료기구 설계
현장진찰, 지역주민 및 지역원로 상대 비공식 인터뷰
데이터 정성분석, 진료기구 설계 및 개발
조별 활동 (지도교수 참여)

5일: 반(半) 공식 인터뷰/정성분석과 정량분석 방법 통합
스페인어 강좌

현장진찰 및 반 공식 인터뷰
강의 및 토론: 반(半) 공식 인터뷰/정성분석과 정량분석 방법 통합
조별 주간 활동 보고

3주: 개인 및 지역사회 보건 진단을 위한 역학(疫學) 및 영양 인류학의 계량적 방법 (몬테베르데)

주제: 개인과 지역사회의 건강도를 평가하기 위한 계량적 방법을 배우고 실습한다. 일주간의 일부는 역학 및 영양학의 이론적 기초를 학습한 다음 성장 및 영양상태의 현황을 모니터링하는 실용적이고 구체적인 방법을 습득한다.

학습목표: 다음과 같은 내용을 주간 학습목표로 한다.
1) 인체 측정학을 이용한 성장 및 영양상태 측정 및 평가
2) 먹은 음식을 조사하여 섭취한 음식물을 계량하는 방법
3) 생화학 테스트를 통한 영양상태 측정 (예: 혈당 및 총 콜레스테롤)
4) 역학 및 건강 관련 조사기구 및 계기 설계 및 제작
5) 진료를 통한 개인 건강 상태 측정
6) 테이타 입력 및 분석을 위한 소프트웨어 프로그램 사용법

학생들은 배운 것을 지역사회 건강 진료를 통해 실습하게 된다. 학생들은 특히 몬테베르데 지역의 마을에서 세계화에 따른 어린이와 성인의 영양상태에 미치는 영향을 평가 하는데 초점을 맞춘다.

시간계획:
한 주의 전반부는 강의, 실내 실습 및 연구 발표로 진행되며 MVI 강의실과 카니타스 마을 회관에서 이루어진다. 주말까지 학생들과 교수진은 카니타스 마을에서 지역사회 건강진단 실시하고 진료 끝에는 마을주민들과 모임을 갖는다. 4주차는 주말 연휴관계로 화요일부터 시작한다.

1일: 건강진단 및 질병인구학의 역학적 인류학적 기초
스페인어 강좌
주간계획 및 학습목표 소개
역학의 기본개념 및 원리
강의: 왜 영양학을 연구하는가?
강의: 영양인류학 - 세계화가 음식과 영양에 미치는 영향에 대한 이해를 위한 생물 문화적 접근방법
강의: 역학 연구 방법 및 연구 설계
계량연구 조 별도 모임
조별 학습 활동

2일: 계량적 방법을 응용한 세계화에 의한 영양상태 및 건강에 미치는 영향 평가 및 이해
강의: 영양, 감염 및 건강의 상조(相助) 효과
강의: 영양 평가 - 인체측정학 및 섭취음식에 의한 방법
실험실 실습: 인체측정학 및 인구학
현장방문 계획
계량팀 별도 모임/조별 모임

3일: 연구조사 방법 실습 및 데이터 관리
스페인어 강좌
데이터 수집 양식 설명 및 토론
실습: 인체측정학, 섭취음식, 혈당 측정
강의: 진료소 내 개인 간 관계
계량 팀 별도 모임

4일: 건강진료 (카니타스)
카니타스 마을 건강 진료: 학생들은 인구조사, 인체측정, 음식섭취 진료장을 돌아가면서 진료 실습 한다.

진료경험 토론
조별 모임

5일: 역학 및 영양 데이터 분석 및 관리
스페인어 강좌
토론: 건강진료 데이터 수집 및 컴퓨터 프로그램을 이용한 통계 작업
특강: 지속가능한 미래 프로그램 담당 교수
조별 모임 (학생, 지도교수, 지역사회 전문가)
주간 보고

3일간 휴가

4주: 환경 및 작업장 보건 및 건강

주제: 금주의 학습 내용은 다음과 같은 내용의 이해를 향상시키는데 있다.

1) 직장과 일반적인 환경이 개인 및 지역사회의 건강에 미치는 영향
2) 정치, 사회, 문화적 환경이 주변 환경의 건강과 안전에 미치는 영향
3) 특별히 코스타리카와 중앙아메리카의 환경건강과 관련한 국제적 문제들

학습 형식은 강의, 실내 실습 및 작업현장 방문 등을 복합적으로 활용한다. 근로자들을 교실이나 현장에서 직접 인터뷰하는 것 외에도 모든 학생들은 여행객이나 방문자들의 보건을 연구하는 조의 현장조사에 필요한 배경설명에 모든 학생들이 참여한다.

학습목표: 금주 후 학생들이 다음과 같은 능력을 습득할 수 있도록 한다.

- 작업장 및 주변 환경 역사를 감안 할 수 있는 능력
- 작업장 위험을 확인하고 우선순위 설정 능력
- 작업장 건강과 안전교육을 위한 점검 리스트 작성
- 작업장 건강과 안전 점검을 위해 한바퀴 돈 후 수집한 정보 요약보고
- 환경/작업장 안전 및 보건 연구조사 비평 및 토론
- 방문자나 타지 출신 근로자와 관련한 현지사정 토론
- 세계화가 근로자나 지역사회에 끼치는 영향 토론
- 환경보건 문제 토론

1일: 교수진 소개
　강의실 자료 배포, 학습활동 및 주간 학습 목표 설정
　강의: 직업병에 따른 전 지구적 영향
　사례연구: 공장에서 발생한 발목절단 사고
　사례연구: 위험요소 - 지역 및 세계적 관점의 숙주 및 병원체
　실습: 직업병력 작성 (학생/방문근로자)
　실습: 위험요소 인정 - 현재의 문제점은? 방제를 위한 우선순위는?
　필드트립 준비: 자료 숙독/체크리스트 준비

2일: 스페인어 강좌
　1조: 돼지농장 방문, 작업자 인터뷰, 체크리스트 작성
　2조: 커피농장 방문, 작업자 인터뷰, 체크리스트 작성
　경과보고: 작업장 설명, 파악된 위험요소, 인터뷰 결과
　실습: 위험요소 우선순위 정하기
　강의: 중앙아메리카의 직업병 및 감독
　3일차 과제 설명

조별 모임 (현지전문가와 함께)
스페인어 강좌

3일: 스페인어 강좌
발표 준비시간: 코스타리카의 직업병 및 위험 노출 수준
발표1, 2: 코스타리카의 직업병 및 위험 노출정도
특강: 세계화와 윤리 - 방문노동자의 직업 및 환경적 영향
강의: 살충제에 의한 영향
발표 3-5: 코스타리카의 직업병 및 위험 노출정도
말라리아 방제 및 DDT: 배경 설명 및 과제 설명
토론 준비

4일: 스페인어 강좌
말라리아와 DDT: 학생 토론
사례 및 토론: 세계화, 평준화, 근로자 건강: 작업장 건강 및 안전과 관련한 윤리문제
주간활동보고
조별모임

5주: 조별 현장조사

주제 및 학습목표: 데이터 수집 및 일차 분석
시간사용계획: 각 연구조 스스로 주간계획을 수립한다. 주중 지도교수와 현지전문가와의 회의 최소한 2회 실시 스페인어 강좌시간은 데이터 수집을 위한 기계 기구 설계와 인터뷰 질문내용을 연습하는 시간으로 대체
특강: 생태관광이 코스타리카 농촌지역의 영양상태에 미치는 영향

6주: 보고서 작성, 포스터 준비 및 현지 발표회

주제 및 학습 목표: 학생들은 연구결과를 지역사회 내 이해집단들 앞에서 위한 발표회를 갖는다. 발표회는 해당지역을 돌며 여러 차례 실시한다. 학생들은 연구결과를 포스터 형식으로 작성하여 게시하고 연구결과를 요약하여 MVI에 제출한다.

시간사용계획: 학생들과 지도교수들은 지역사회 발표회를 언제 어디서 개최할 것인지를 결정한다. 학생들은 주말 전까지 연구결과를 포스터로 게시하고 모든 학생과 지도교수가 참가한 가운데 MVI 강당에서 연구결과를 요약해서 발표한다.

프로그램 종료식 및 귀국

(10) 연구 프로그램

MVI에서는 몬테베르데 지역의 개발이나 발전과 직접 관련된 주제를 갖고 연구 활동을 통해 MVI의 교육프로그램과 지역사회프로그램을 보완하고 있다. 연구활동은 또 몬테베르데 지역 주민들과 지역 내 단체 및 기관들에 필요한 정보를 제공하는 역할을 한다. MVI는 매년 몬테베르데 상공회의소나 산타 엘레나 개발연합 등 지역단체의 연례 총회에 초대받아 수행중인 연구과제를 소개하고 완료된 연구에 대해선 그 결과를 발표하고 있다. MVI에서 진행되고 있는 연구 활동은 크게 4가지로 나눌 수 있다.

1. 대학과 협력 또는 제휴

세계 각국의 대학에서 오는 교수나 연구원외에도 MVI 직원, 몬테베르데 마을 사람들이 연구목적, 연구과제 선정, 자료수집 및 분석 등 연구활동 전과정에 직접 참여한다.

2. 공동연구자 또는 연구와 관련 기관을 위해 필요한 각종 지원활동

3. MVI 직원들에 의한 연구 활동 지원

4. 방문교수, 연구자 및 사회 운동가들을 연사로 하는 각종 세미나 및 발표회 기획 및 실행

학생들이나 연구자들은 기존의 연구결과나 그동안 구축된 데이터베이스를 언제든지 활용할 수 있다. 연구 활동은 연구자와 지역주민들 간의 다양한 접촉을 가능케 만들기도 한다.

다음은 MVI에서 중점적으로 다루고 있는 연구과제들이다.

- 보전생물학 및 분획화 또는 긴장상태에 있는 경관과 관련한 주제
- 지속가능한 발전, 지역사회 계획 및 지속가능한 디자인
- 지속가능한 수자원, 폐수, 고형 폐기물 이용 및 관리
- 환경기술
- 지속가능한 농업
- 지속가능한 자연자원 관리
- 평화연구
- 지역사회 개발
- 환경법 및 정책
- 환경교육

(11) 지역사회 프로그램

MVI는 교육 및 연구활동 뿐만 아니라 지역사회를 위한 많은 활동을 펼치고 있다. 지역사회를 중심으로 지역사회와 협력을 통해 이루어지고 있는 프로그램은 다음과 같다.

- 가정생활 프로그램 (Family Life Program) - 지역사회내의 가족을 위한 프로그램으로 교육, 외국학생이나 방문객을 통한 문화교류, 영양, 여성의 권리, 청소년 건강, 사춘기 청소년 문제, 작업장내 보건 및 안전관리, 오락 등과 관련한 문제에 대한 교육
- 홈스테이 프로그램 - MVI 교육프로그램에 참가하는 외국학생들을 위한 문화체험 프로그램
- 음악프로그램 - MVI에서 저렴한 비용으로 음악레슨을 실시하고 매년 한번씩 몬테베르데 음악 축제를 기획하고 추진한다.
- 미술프로그램 - 외부의 미술가를 불러와 전시회뿐만 아니라 레슨도 받을 수 있도록 하고 있다.
- Finca La Bella - 지속가능한 농업을 확산시키기 위한 농장조합으로 농업생태, 경관 생태의 모델로 활용되고 있다.
- 수질 및 건강 연구 프로그램 - 좀더 건강한 지역사회를 만들기 위한 프로그램
- MVI 장학금 - 도움을 필요로 하는 지역내 각급학교 학생들을 대상으로 한 장학사업
- 도서실, 강당 등 MVI의 모든 시설을 지역주민이나 단체들에게 공개하고 이용할 수 있도록 개방

MVI는 단순히 지역사회 문제를 교육이나 연구 활동을 위해 적극 활용하고 있을 뿐만 아니라 지역사회를 주민들 스스로 개선하고 발전시키는데 구심점으로 작용하고 있다. MVI는 몬테베르데라는 조그만 지역사회를 하나의 실험장으로 만들어 연구와 교육을 통해 지역사회문제를 풀어나가는 과정에서 중추적인 역할을 담당하고 있다. 당면한 지역사회 문제를 연구를 통해 해결을 시도하고 연구결과는 지역사회의 정책입안이나 중요한 의사결정과정에 반영되고 실행되는 일이 현실세계에서 직접 일어나고 있는 실험장이라고 할 수 있다. MVI 교육프로그램에 참여하는 학생들은 이 같은 지역사회 문제 해결과정에 직접 참여하여 생태, 사회, 경제적으로 복잡하게 얽혀있는 지역사회의 환경문제를 부분적으로 개선하고 해결하는 체험을 하게 된다.

(12) 몬테베르데 지역사회

사진 13. 마을에 음악을 불러온 몬테베르데 음악 페스티벌 및 연습 중인 어린이들

사진 14. 몬테베르데 마을내의 곤충박물관

사진 15. 몬데베르데 마을 중심가 안내판

사진 16. 관광객용 식당 내부

사진 17. 관광호텔 지속가능성 설문조사

사. 사례 6: 모렐 자연보호지 환경교육 프로그램

(1) 모렐 자연보호지

Morrell Nature Sanctuary (이하 모렐 자연보호지)는 캐나다 브리티시컬럼비아 주 (이하 비씨주) 밴쿠버 섬 동쪽의 인구 8만 5천명의 나나이모 (Nanaimo) 시 남쪽에 위치한 111 헥타르의 숲으로 1973년 토지의 소유주였던 William Morrell이 지역사회에 헌납하면서 비영리단체 Morrell Nature Sanctuary Society가 발족되었으며 이를 교육목적으로 활용하기 위해 각종 자연 환경 교육 프로그램들이 개발되어 운영되고 있다. 모렐 자연보호지내의 숲은 원래 고목림이었던 것을 1930년대 산업적 벌채에 의해 한번 벌채된 후 다시 자라는 성숙단계의 이차림이다. 보호지 내에는 1개의 인공호수와 1개의 자연 습지 등 다양한 산림 생태계가 존재한다.

보호지는 산책로를 유지 관리하는 것 외엔 최대한 자연스런 상태로 유지하고 있기 때문에 많은 야생 동식물들을 관찰할 수 있다. 주차장이 있는 진입로 입구에는 Woods Room이라고 명명된 자연해설센터를 설치해 운영하고 있다. 자연해설 센터에는 동식물 식별을 위한 정보, 방문객이 오감을 활용해 직접 참여하는 식물식별 퀴즈, 생태계 법칙을 설명하는 벽화, 자연 다큐멘터리 비디오 등을 갖추어 놓고 있다.

사진1. 자연해설 센터 내부 모습

사진2: 자연해설 센터에는 모렐 자연보호지 내에서 볼 수 있는 야생동물들의 박제 표본을 전시해 놓고 있다

이곳은 초등학교 학생들을 위한 자연환경교육장 뿐만 아니라 일반인들을 위해서도 365일 개방하고 있어, 산책, 조깅, 자연관찰 등의 목적으로도 이용되고 있다. 이곳의 이용자들은 나나이모 시의 초등학교 학생들과 성인들이 대부분을 차지하지만, 이곳만이 지니는 독특한 자연환경 프로그램 때문에 100킬로미터 이상 떨어진 도시의 학교에서도 하루 일정으로 방문하여 자연학습을 하고 돌아가기도 한다. 또한 나나이모 소재 말라스피나 초급대학(Malaspina University College)에서 운영하고 있는 외국학생을 위한 영어프로그램 (ESL)에 참여하고 있는 외국학생들 (대부분이 아시아계 대학생 및 성인들)의 현지 자연문화 체험을 위한 공간으로도 활용되고 있다. 말라스피나 대학 평생교육원에서 운영하는 성인들을 위한 자연체험 프로그램도 이곳에서 이루어지고 있다.

(2) 모렐 자연보호지의 사명

모렐 자연보호지 회(會)에서는 다음과 같이 자신들의 사명을 밝히고 있다.

> "To preserve and promote the essential character of Morrell Sanctuary's evolving ecosystem as a model of co-existence and as a source of information, inspiration, understanding, awareness and enjoyment of nature."

> "모렐 자연 보호지의 끊임없이 변화하는 생태계를 자연과 인간의 공존, 자연에 대한 지식, 영감, 이해, 의식 및 향유의 원천으로 삼고, 이곳의 생태적 주요 특징을 보존하고 증진시키기 위함이다."

(3) 모렐 자연 보호지 프로그램 운영 방식

모렐 자연보호지의 프로그램은 비영리 단체인 모렐 자연보호지회에서 운영하며, 나나이모시의 초등학교학교 재학생 (유치원부터 7학년까지)을 대상으로 운영하고 있다. 프로그램은 대부분 모렐 자연보호지에서 이루어지는 On-Site Program이나 필요에 따라 또는 프로그램의 성격에 따라 훈련된 자연해설가가 요청받은 학교로 찾아가 교실에서 운영하는 In-School Program도 있다.

(4) 프로그램 진행자 (자연해설가)

프로그램은 전적으로 자원봉사자들에 의해 운영된다. 자원 봉사자 중에는 환경교육에 관심이나 열정을 지닌 젊은이들도 있지만 상당수의 자원봉사자들이 은퇴한 사람들로 채워져 있다. 프로그램이 모두 학교의 수업시간에 맞추어 오전 9시부터 오후 2시 사이에 운영되기 때문에 이 같은 시간에 자원 봉사 할 수 있는 은퇴자들이 대부분의 프로그램 진행을 맡고 있다. 은퇴자들은 전직교사나 환경교육 분야에 종사했던 사람들로 자연에 대한 관심과 이해가 높은 사림들이 대부분이다.

(5) 프로그램 운영에 따르는 재정

프로그램 운영에 따른 제반 비용은 대부분 나나이모시, 나나이모 소재 기업, 각종 단체로부터 모금한 기금, 회원들의 회비로 충당된다. 이중 대부분은 각종 프로그램의 운영을 책임지고 있는 프로그램 코디네이터와 사무실 직원의 인건비와 사무실 운영비로 지출된다. 나나이모에서 150킬로미터 떨어진 빅토리아와 같은 대도시에서 실시되는 유사한 프로그램에는 유급의 자원봉사자들을 활용하기도 하지만 모렐 자연보호지의 프로그램은 전적으로 무보수의 자원봉사자들에 의해 운영되고 있다.

(6) 프로그램 종류

모렐 보호지의 자연교육 프로그램은 크게 다음의 다섯 가지로 나눌 수 있다.

- 자연 해설 센터 운영
- 현장 학습 프로그램
- 학교 방문 프로그램
- 여름 캠프
- 연령에 관계없이 방문객을 대상으로 한 프로그램

자연 해설 센터는 보호지내 시설물로 방문객이 많은 여름 동안 자원봉사자를 배치해 운영한다. 학교 방문 프로그램은 훈련된 자연해설가가 학교를 방문해 교실에서 자연해설이나 학습활동을 전개한다. 방문 프로그램은 기후관계상 야외 학습이 곤란한 1월과 2월 중에 집중적으로 이루어진다. 여름 캠프는 여름 방학기간 중 오전 9시부터 오후 3시까지 일일 또는 2-3일 단위로 진행되며 여러 가지 프로그램을 동시에 실시한다. 이중 가장 핵심적인 교육 프로그램인 현장 학습 프로그램에 초점을 맞추어 소개하고자 한다. 자연 학습 프로그램은 대상에 따라 1.5시간에서 2시간 정도 소요되는 것이 대부분이며, 성숙 단계에 있는 2차림 숲 생태와 보호지 내의 습지, 호수 생태계 그리고 이곳에 서식하는 각종 동물 등 보호지의 생태적 특징을 최대한 살린 프로그램을 운영하고 있다.

표 4.9. 모렐 자연 보호지에서 운영하는 프로그램들

프로그램 명	교육목표	대상 학년	개설 기간
자연이 만든 예술	자연 속의 색깔, 형태, 무늬들을 관찰하고 이들과 생활과 연의 연결고리를 발견케 해준다	초등 2-4	연중
습지에서 탐조	자연 서식 환경 속에 살고 있는 조류 관찰	초등 2-4	봄
원주민 문화	원주민들의 전통 식물 이용 방법을 통해 백인들이 정착하기 전부터 살아온 원주민들의 문화 소개	초등 3-4	연중
놀라운 깃털	습지에서 탐조와 유사하나, 가장 흔한 종인 Mallard Duck과 깃털의 역할에 초점을 맞춘다.	유치원, 초등 1	봄
숲에 사는 생물들	숲 속에 사는 생물들의 생활 방식과 특징을 인형극을 통해 설명	유아원	연중
숲 속 탐정	추리를 통해 숲 속의 각종 생물을 찾아내는 교육용 놀이	초등 2-4	연중
숲의 생태	산림 생태계에 대한 기초적 내용 해설	초등 6-7	연중
나무 만나기	크고 작은 나무들의 특징, 수종 등 관찰	초등 5-7	연중
수생 곤충	조그만 그물을 이용해 습지의 동식물을 건져 식별하고 관찰함	초등 3-5	봄
씨앗과 포자	숲 속에서 발견되는 각종 씨앗과 포자를 중심으로 씨앗이 왜 그런 모습을 지니고 있는지 어떻게 산포되는지를 설명	초등 2-5	가을
오감의 향연	숲속을 걸으며 오감을 활용해 관찰하고 이해함	초등 2-3	연중
물갈퀴 달린 생물	습지에 사는 생물 세가지 (오리, 개구리, 비버)를 집중 조명	유치원, 초등 1	봄
놀라운 곤충들의 세계	숲 속의 곤충들 이야기. 박제된 곤충표본을 갖고 설명	유치원 - 초등 3	겨울
동물 구조대	멸종위기에 처한 동물들에 대한 이해를 높이기 위한 토론 및 게임	유치원 - 초등 3	겨울

(7) 샘플 프로그램

각 프로그램은 수년에 걸쳐 개발되고 보완되어 프로그램 진행자가 참고할 수 있도록 문서화 되어 있으나 상황에 따라 또는 프로그램 진행자의 재량에 따라 조금씩 달라질 수 있다. 대표적인 두 가지만 골라 소개하면 다음과 같다.

(가) 프로그램 1: 숲 속 탐정

프로그램 초점:

관찰, 조사, 추리를 통해 숲 속의 야생동물들이 살고 있는 증거들을 찾아낸다.

프로그램 목적:

- 숲 속에 살고 있는 동물들의 흔적 찾아내기
- 관찰력 및 시각 발달
- 인간이 야생동물들에 미치는 영향 이해
- 환경의식과 산림생태계가 제공하는 혜택에 대한 감사

장소: 모렐 자연 보호지 내 탐방로 및 학습 활동 공간

소요시간: 1.5 -2 시간

대상 학년: 초등학교 2-4학년학생

인원: 10명 내외

준비물:

- 버섯, 이끼, 딱따구리 등 찾을 대상이 그려진 그림이나 사진
- 돋보기, 보호색 게임을 위한 아이스크림 막대
- 만져보고 알아맞추기 게임을 위한 상자 (touchy feely box)
- 탐정 배지
- 탐정 선서
- 쓰레기봉투

모렐 보호지 소개:

프로그램이 진행되는 장소 (모렐 자연 보호지)에 대한 간단한 소개 및 안전을 위한 주의 사항

프로그램 소개:

프로그램의 목적과 진행 방법 간단히 설명. 자연보호지역이긴 하지만 학생들이 단체로 자연 학습을 펼치는 동안 야생 동물을 볼 수 있는 확률은 매우 희박하므로 야생동물이 남긴 흔적을 찾음으로서 야생동물들의 존재를 확인시킨다.

보호색 게임 (Pop Stickus)

숲속의 공터에 학생들을 앉히고 보호색, 모양, 무늬 등에 대해 설명한다. 보호색을 지니는 동물들의 예를 든다. 왜 동물들이 보호색을 이용하는지 묻는다. 학생들에게 숲 속에 매우 희귀 생물 종의 하나인 pop stikus가 숨어 있다고 말한다. 학생들에게 적당한 반경을 지정해 주고 3-4분에 걸쳐 마치 보물찾기 하는 것처럼 찾도록 한다. 학생들을 다시 불러 모은 다음 찾은 것들을 갖고 토론 한다.

그림 속의 동식물 찾기

숲 속의 공터에 학생들을 앉힌 다음 숲 속에서 특정 동식물 또는 동물들의 흔적을 찾기를 한다고 말한다. 특정 동식물들이 그려져 있는 그림이나 사진을 하나씩 나누어 주고 이를 힌트로 삼아 해당 동식물을 찾도록 한다. 좀더 쉽게 찾을 수 있도록 돋보기를 하나씩 나누어 준다. 숲 속의 길을 걸으면서 학생들에게 주어진 동식물을 찾도록 권장한다. 해당 동식물을 학생들이 찾았을 경우 걸음을 멈추고 그림의 동식물과 일치하는지를 확인 한 다음, 맞으면 이들이 숲 속 생태계에서 어떤 역할을 하는지에 대해 설명한다.

만지고 느끼기

숲 속 길을 걷다가 일정 장소에 멈춘 다음 한 학생에게 솔방울, 나뭇잎, 마른 이끼 등이 든 상자 속의 물건을 만져보도록 한다. 나머지 학생들에게 모양, 촉감 등에 대한 상상과 질문을 유도한다. 앞에 나온 학생은 "예" 또는 "아니오"로만 답변한다. 학생들이 답을 맞힐 때 까지 계속한다. 답을 맞추면 물건을 상자에서 꺼내 학생들에게 보여주고, 맞춘 학생을 앞으로 불러 상자속의 물건을 만져보게 하고 같은 게임을 계속 한다. 모든 학생들에게 한번씩 기회를 준다.

나무와 아파트

숲 속 길을 걷다 벌레나 새들이 이용하고 있는 흔적이 있는 나무를 찾아 멈추고 설명한다. 나무 밑둥치에는 벌레나 토끼 같은 소동물을 건물의 지하실에 사는 사람들과 비교한다. 땅에서 조금 위에 사는 다람쥐는 아파트의 2-3층에 사는 사람들과 비유한다. 가지에 둥지를 친 새들은 좀더 높은 층에 거주하는 사람들에 비유하고, 나무의 맨 꼭대기에 둥지를 친 독수리나 매는 건물의 맨 꼭대기인 옥탑방에 사는 사람에 비유한다. 낙엽이나 썩어가는 식물들을 먹어치우는 숲 속의 민달팽이는 아파트에서 쓰레기를 수거하는 쓰레기 청소부에 비유해 설명한다.

정리 및 토론

배운 것을 요약해서 정리하고 질문이 있으면 받는다. 숲은 우리에게 많은 것을 가르쳐 줄 수 있지만 우리가 어떻게 보고 듣는지에 달려있다는 것을 다시한번 강조한다.

(나) 프로그램 2: 나무 만나기

프로그램 초점:

나무의 해부학적 구조와 특징을 관찰하고 나무의 이름을 식별한다.

프로그램 목적

- 나무를 구성하고 있는 요소, 특징 관찰
- 씨앗, 껍질, 잎, 솔방울 등을 이용해 서로 다른 점 설명
- 관찰력 및 시각 발달
- 나무 수종 이름 식별

(8) 장소: 모렐 자연 보호지 내 탐방로 및 학습 활동 공간

소요시간: 1.5 -2 시간

대상 학년: 초등학교 5-7 학년학생

인원: 10명 내외

준비물:

나무 식별 퀴즈 상자 (나무 이름 알아맞추기 게임을 위해 각 수종 별로 씨앗, 나뭇잎, 줄기 껍질 등을 조그만 상자에 각각 담아 놓은 큰 상자). 나무의 해부학적 구조 이해를 위한 게임 카드. 나이테 설명을 위한 나무 원판, 나무 나이 측정을 위한 생장추, 생장추로 뽑은 연륜 표본,

나무 해부학 게임

눈으로 볼 수 없는 나무 내부의 해부학적 구조를 게임을 통해 이해시키는 방법으로, 숲 속의 공터에 학생들을 둘러서게 한 다음 나무의 줄기 가운데 위치하는 부분에 대한 질문으로부터 게임을 시작한다. 심재에 대한 설명과 함께, 심재가 될 지원자를 2-3명 뽑아 서로 등을 맞대고 나무줄기 중 심재부분을 만든다. 줄기의 변재에 대한 질문을 던지고 맞추면 변재에 대한 간단한 설명과 함께 변재가 될 지원자를 4-5명 뽑아 심재 주위의 원을 그리며 변재를 만든다. 이런 식으로 학생들을 이용해 형성층과 수피를 만든다. 나무를 땅에 고정 시키는 역할을 하는 부분에 대한 질문을 던진 후 정답 (뿌리)을 맞추면 수피를 이루고 있는 사람들의 손을 잡고 반쯤 구부린 자세를 취해 뿌리를 만든다. 참관하는 교사나 학부모들에게 곤충의 역할을 맡겨 나무 안쪽 (변재부분)으로 파고들기 위해 나무껍질을 공격하도록 한다. 변재부분을 이루고 있는 학생을 터치 한 경우 공격자의 승리로 간주하고, 1분 이상 공격이 성공적이지 못했을 경우엔 나무의 승리를 선언한다.

나무 관찰 및 식별

숲 속의 길을 걸으며 마주치는 나무들에 대해 설명한다. 활엽수와 침엽수의 구분부터 시작해서 줄기의 색깔, 무늬, 솔방울, 씨앗, 잎 모양을 중심으로 나무 이름을 식별한다. 나무와 관련된 재미있는 이야기를 곁들인

다. 나무의 종류가 바뀌면서 숲 안의 밝기도 달라지는 점을 설명하고, 숲 안의 밝기에 따라 숲 바닥에 자라는 식물들도 달라지는 것을 설명. 단풍나무 열매에 달린 날개, 단풍나무에 유독 많이 착생하는 이끼, 오리나무의 암수 열매, 시다나무의 잎 모양 등 각 나무들이 갖고 있는 특징을 이용해 설명한다. 프로그램 종료 직전에 솔방울, 씨앗, 잎을 이용한 식별 퀴즈로 나무이름을 다시 한번 정리한다.

더글러스 퍼 이야기

더글러스 퍼 솔방울를 보면 쥐꼬리처럼 생긴 껍질이 붙어 있는데 이와 관련시켜 다음과 같은 이야기를 들려준다. 아주 오랜 옛날 큰 산불이 발생 했을 때 지상의 모든 쥐들이 불길을 피해 커다란 나무줄기를 타고 나무 꼭대기에 올라갔다. 높이 올라간 후에도 불길은 식지 않아 솔방울 속으로 몸을 숨겼다. 솔방울 속의 공간이 그리 넓지 않아 머리와 몸난 들어가고 긴 꼬리는 감추지 못하고 밖에 나오게 되었다.

헴록이야기

헴록의 특징인 작은 솔방울과 나무줄기의 맨 꼭대기에 위치한 애가지가 항상 굽은 특징과 관련해 다음과 같은 이야기를 들려준다. 아주 먼 옛날 대지의 여신이 각 나무들에게 솔방울을 나누어 주기 위해 세상의 모든 나무들을 일렬로 줄을 서게 만들었다. 성질이 급한 헴록은 이미 다른 나무들이 서 있는데도 불구하고 새치기를 해서 줄의 맨 앞에 가서 섰다. 이를 본 대지의 여신은 헴록을 줄 맨 뒤로 돌려보냈다. 자신의 차례를 맞은 헴록에게 돌아온 솔방울은 다른 솔방울에 비해 아주 작은 솔방울이었으며, 자신이 한 행동에 수치심을 느낀 헴록은 항상 고개를 숙이고 다니게 되었다.

나무의 나이와 나이테

400년생 더글러스 퍼 전나무 앞에서 나무의 나이를 추측해보라고 한다. 나무의 나이를 어떻게 정확히 알 수 있는지를 질문한다. 나이테를 읽는 법 설명. 나이테에 기록된 기후 변화의 역사도 함께 설명. 나이테는 나무를 베어야만 볼 수 있는데, 나무를 베지 않고도 생장추를 이용해 나이를 측정하는 법 소개. 연륜 샘플을 보여주고 읽는 법을 설명한다.

(9) 모렐 자연보호지 프로그램의 특징

프로그램은 모렐 자연보호지의 특징을 최대한 살려 개발되었다. 보호지 내에 자라는 나무 종류, 야생화 등 식물, 호수 및 습지에 살고 있는 동물들을 대상으로 프로그램을 개발했기 때문에 교육내용과 현장의 자연환경이 일치한다. 즉 프로그램 진행자가 설명하는 식물, 곤충, 조류, 자연현상을 현장에서 항상 쉽게 볼 수 있는 점을 최대한의 장점으로 꼽을 수 있다. 가장 어려운 부분은 몸집이 큰 야생동물 (쿠거, 곰, 비버, 사슴) 등으로 이들이 모렐 자연보호지내에 서식하고 있어 프로그램 내용에 포함되어 있지만 이들을 프로그램 진행 중에 볼 수 있을 확률은 거의 없다. 대신 이들이 남긴 흔적 (곰의 할퀸 흔적이 남아 있는 나무, 비버가 갉아 먹다 남은 나무, 사슴의 배설물 등)을 최대한 이용한다. 프로그램이 유치원부터 중학교 1학년 학생들을 대상으로 하기 때문에 주의력을 집중시키기 위한 특별한 노력이 담겨져 있다. 질문을 통해 학생들의 참여를 최대한 유도하고 주의력 집중과 흥미를 위해 이야기, 게임, 연극 등의 방법을 최대한 활용하고 있다. 또한 현장에서 자연 관찰할 때도 해설자의 자세를 낮추어 어린이들의 눈높이에서 보이는 장면을 대상으로 설명한다.

(10) 모렐 보호지 프로그램 장면

사진 3. 숲 속 늪지 생물에 대한 관찰 후 개구리 분장 놀이

사진 4. 땅위의 씨앗이 어느 나무에서 떨어졌는지를 확인 하는 어린이들

사진 5. 자연 해설가의 도움으로 돋보기로 버섯의 갓 밑면을 관찰하는 어린이

사진 6. 자연해설자를 따라 숲속 길을 걸으며 땅위의 씨앗을 찾는 어린이들

사진 7. 자연해설자로부터 씨앗이 싹이 트는 과정을 설명 듣는 어린이들

사진 8. 자연 해설자가 그림을 이용해 씨앗의 발아 과정을 설명하고 있다.

아. 사례 7: 와일드 우드 교육 프로그램

와일드 우드 적극적으로 경영되는 숲이지만 생태적 경영을 통해 천연림과 같은 자연스런 모습이 최대한 유지되고 있다.

딱따구리가 파먹은 흔적이 남아 있는 나무

(1) 와일드 우드

와일드 우드는 캐나다 브리티시컬럼비아 주 밴쿠버 섬의 나나이모 시 남쪽에 위치한 개인 소유의 십육만평 (55 헥타르)으로 캐나다의 임업 기준으로 보면 매우 작은 숲이다. 이 숲은 더글러스 전나무 (Douglas Fir) 59%와 적시다 (Red Cedar) 23%가 주종을 이루고 있는 고목림 숲이다.

와일드우드는 인근지역의 학교로부터 많은 학생들과 일반인이 찾아온다. 또한 매년 세계 각국으로부터 많은 환경전문가와 임업전문가들이 이 숲을 방문한다. 이처럼 이 숲을 유명하게 만든 것은 산림학의 고전적인 원리인 자란 만큼만 베어 쓰는 보속성의 원칙을 철저히 준수하여 숲을 가꾸었기 때문이다. 오늘날 이 숲이 있기 까지는 1936년 이 숲을 구입한 멀브 윌킨슨 노인의 평생에 걸친 친환경적인 숲 가꾸기 노력이 있었기 때문이다.

(2) 지속가능한 숲의 모델

멀브 윌킨슨은 1936년 이래 매 5년씩 13번 벌채하면서 같은 기간 동안 자란 양 이하만 베었다. 그는 자신의 숲을 은행계좌로 간주했다. 따라서 매년 자라는 나무의 양은 그의 계좌에서 불어나는 이자였다. 매년 나무가 자라는 양 이하를 베었기 때문에 숲이라는 그의 은행계좌는 변함없이 유지 될 수 있었다. 그가 이 숲을 구입했을 당시 이 숲에는 3만5천 입방미터의 나무가 자라고 있었는데 현재도 같은 양의 나무가 자라고 있다.

그는 그의 숲에서 자라는 이자 수입의 5%를 숲의 토양과 미래를 위해 재투자하는데 썼다. 매년 자라는 나무양의 5%는 숲 바닥에 썩게 그대로 남겨두어 땅의 비옥한 상태가 유지되도록 했다. 그는 5%를 마치 불확실한 미래를 대비하는 보험처럼 사용했다. 브리티시컬럼비아 주의 대규모 벌목회사들이 수익을 올리기 위해 가능한 한 많은 양을 벌채하려는 것과 비교하면 매우 대조적이다.

그는 이 숲을 60년 이상 가꾸면서 자신과 가족의 생계의 일부를 꾸렸다. 오늘날 많은 나라에서 숲을 베어버린 후 숲에 원료공급을 의존해 왔던 공장이 문을 닫고 공장에서 일하던 주민들이 일자리를 잃는 일이 반복되어 온 반면 멀브 윌킨슨은 숲도 지키고 자신의 가계도 꾸렸을 정도로 생태와 경제 두 가지를 지속적으로 안정시킨 모범 사례를 만들었다.

(3) 생태적 숲 가꾸기의 모델

와일드우드의 또다른 특징은 벌채를 매우 친환경적인 방법으로 해왔다는 점이다. 멀브 윌킨슨은 대규모 모두베기 벌채 방식 대신 자신의 농장 내 나무를 한 그루 한 그루 살피며 벌채할 나무를 선택해왔다. 벨 나무는 농장 전역에 걸쳐 선정된다. 그가 주로 베어내는 나무는 생장이 둔화되어 더 이상 잘 자라지 못하는 나무, 병충해에 피해를 입었거나, 바람에 쓰러 넘어지는 나무에 의해 가지나 줄기 일부가 부러진 나무 등이다. 그러나 매우 오래된 고목은 생장이 멈추었어도 그 나름대로의 역사적 기치 때문에 베지 않고 남겨둔다. 와일드 우드 농장에는 줄기가 굽은 더글러스 전나무도 있는데, 다른 사람 같으면 향후 재목감이 되지 못할 나무로 판단해 일찍 베어 없애 버렸을 텐데, 윌킨슨 노인은 이나무가 지니는 유전적 다양성을 위해 남겨두고 있다. 또한 일부 병충해 피해를 입은 나무들은 베지 않고 남겨두어 곤충이나 미생물들이 살 수 있는 서식공간이 유지될 수 있도록 했으며, 생태계의 다양성에도 기여할 수 있도록 했다.

구입당시 농장 인근의 숲들은 그 동안 벌채되어 주택지나 목축지로 변한 반면, 와일드우드 농장의 울창한 숲이 만드는 스카이라인은 1936년이나 지금이나 변함없이 유지되고 있다. 그가 지난 60년 동안 골라 베기를 실천했기 때문이다.

윌킨슨 노인은 매 60년 또는 80년마다 벌채하는 브리티시컬럼비아 주의 대규모 임업회사들의 벌채방식과는 달리 240년 이상 된 나무를 벌채해 왔다. 그는 더글러스 전나무는 1000년 이상 살 수 있으며 80년에서 240년 사이에도 무척 왕성하게 자라기 때문에 오히려 240년까지 기다렸다가 벌채하는 것이 생산되는 목재의 양을 20배 이상 크게 늘릴 수 있는 방법이라고 믿었다.

(4) 생물다양성 보전의 모델

와일드 우드는 적극적으로 경영되고 있는 숲이지만 인간의 손길이 닿았던 흔적이 잘 감추어져 천연림에 가까운 자연스런 모습을 지니고 있다. 생태경영이라는 말이 생기기 훨씬 전부터 생태적 방법으로 숲을 관리해 왔기 때문이다. 멀브 윌킨슨은 다른 사람을 시키지 않고 자기 손으로 몸소 나무를 벤다. 한때 그는 유럽식으로 나무를 베고 난 자리에 아무 것도 남겨 놓지 않고 말끔히 치우곤 했다. 그러나 1980년대 초 미국 오리건주의 산림전문가 크리스 메이저가 방문해 조언을 준 다음부터는 벤 나무의 가지와 잎뿐 만 아니라 일정량의 나무들이 토양으로 환원될 수 있도록 땅위에 남겨둔다.

그는 잡초제거나 잡목들을 솎아주기 위해 제초제를 뿌리지 않았다. 대신 양을 방목시켜 잡초와 원치 않는 어린 나무들이 자라는 것을 막았다. 사슴과 노루의 역할을 대신하도록 한 것이다. 한때 소를 방목시켜 실험해 보기도 했지만 토양을 나져 굳게 만드는 부작용을 일으켜 포기했다. 어린 묘목이 자랄 때 방목을 억제한다던가, 적당량의 사료를 공급해 양들의 과도한 방목의 피해를 막는 방법을 쓰면 양들은 잡초 제거에 더할 바 없이 좋은 역할을 할 수 있다는 것도 알아냈다. 제초제를 쓰지 않은 와일드우드 농장의 토양은 미생물과 곤충들의 다양성이 매우 높은 것으로 조사되었다.

그는 온실에서 키운 묘목을 실험적으로 이용하기도 했지만, 주로 자연적으로 다음세대의 숲이 자라도록 만들었다. 그러나 필요시엔 나무의 좀 더 자유스런 생장을 위해 인위적인 개입을 주저하지는 않았다. 예를 들어 토양이 나무가 자라는데 최소한의 도움밖에 주지 못하는 한계지에서는 경쟁관계에 있는 나무들을 베어 남아 있는 나무들의 부담을 줄여주었다. 또한 생장이 정체되었거나 경쟁이 치열한 가운데서 스트레스를 많이 받고 있는 나무에 대해서도 경쟁상대나 스트레스의 원인을 인위적으로 제거하는 방법을 썼다. 그러나 그는 잡초와 경쟁에서 이긴 나무들이 자유롭게 자랄 수 있는 단계에 이르면, 더 이상의 간섭을 억제하고 자연의 힘에 맡겼다.

와일드 우드 농장에는 올빼미, 굴뚝새 등 야생조류들을 많이 발견 할 수 있는데, 이러한 야생 조류들이 살고 있는 고사목들이 20-30그루 가량 있기 때문이다. 윌킨슨은 와일드우드를 구입한 이래 이러한 고사목을 베지 않고 관리해왔다. 윌킨슨은 조류 서식처로 쓰이는 고사목에 대한 이해가 부족했던 1945년 산림청관리로부터 언제 쓰러질지 모르는 위험한 고사목을 베지 않고 남겨 두는 것에 대해 경고를 받은 적이 있다. 멀브 윌킨슨은 고사목 한그루를 남겨두면 새들에게는 50세대에 해당하는 기간동안 서식처를 제공할 수 있다고 믿었기 때문이다. 고사목 근처에서는 작업을 하지 않겠다는 약속을 하고 타협을 보았다. 이제는 산림청 관리도 스스로 앞장서서 고사목을 베지 말고 남겨두라고 주장한다.

(5) 교육 프로그램

와일드우드의 교육 프로그램은 개별목 선택벌채 방법과 자란만큼만 베는 독특한 방법으로 가꾸어진 인공 숲을 교육적으로 활용하고 있는 예이다. 현재는 2-3시간의 투어형식으로 진행되고 있으나, 좀더 장기적이며 체계적인 교육프로그램을 개발하고 있는 중이다. 교육내용은 와일드 우드에서 만 볼 수 있는 많은 독특한 생태계의 모습과 와일드우드가 있기까지 멀브 윌킨슨 노인의 독특한 숲 가꾸기 철학이 주 내용을 이룬다.

교육대상:

초등학생부터 일반인 까지 거의 모든 사람을 대상으로 하고 있다. 매주 토요일은 누구나 개별적으로 투어에 참가 할 수 있으며, 각급 학교와 각 종단체에서는 주중에 편리한 시간에 예약해서 안내를 받을 수 있다.

교육방법:

55 헥타르의 숲 속에 난 길을 걸으며 프로그램 진행자가 수시로 관련된 내용을 설명하고 현장 토론 형식을 취한다. 투어의 맨 끝에 멀브 윌킨슨 씨 집으로 가서 그의 철학을 듣는다. 총 소요 시간 2.5 - 3.5 시간.

프로그램 내용:

와일드우드 소개

- 와일드 우드 역사 및 멀브 윌킨슨 소개
- 멀브 윌킨슨씨의 숲 관리 철학
- 멀브 윌킨슨씨의 임업교육

고목림 생태계

- 주요 수종 분포
- 이끼, 야생화 식별 및 관찰
- 와일드우드내 야생동물 (곰, 사슴, 너구리, 딱따구리, 독수리)
- 유전적 다양성
- 살아있는 그루터기
- 천년이상 된 더글러스 전나무
- 독수리 둥지 및 생태계 변화에 따른 먹이 변화

- 지역 산불 역사
- 단풍나무 낙엽과 토양생성
- 토양미생물

친자연적 숲 가꾸기

- 개별목 선택적 벌채
- 자란만큼만 베기
- 벨 나무 고르는 방법
- 다른 나무를 다치지 않고 일정 방향으로 쓰러뜨리는 법
- 햇볕을 필요로 하는 더글러스 전나무 천연갱신법
- 친자연적 숲 가꾸기
- 쓰러진 나무 관리법
- 죽어가는 나무 관리
- 거목을 베지 않고 남겨 놓는 이유 (크기 경쟁 촉진, 수직적 다양성 유지, 조류 서식 공간확보)

지속가능한 숲 가꾸기

- 벌채 주기 및 벌채량
- 벌채한 나무를 끌어내는 방식
- 벌채한 나무 가공 방법
- 가공한 나무 판로 및 시장
- 지역사회 기여 방법
- 산림인증에 따르는 문제
- 숲과 생계
- 향후 벌채계획

(6) 와일드 우드 교육 프로그램 관련 사진

사진 1. 대학생 프로그램을 진행하는 안내자 제이

사진 2. 와일드우드에서 개최된 생태계 경영학술회의 후 필드 트립

사진 3. 성인 프로그램 참가자들

사진 4. 투어 후 멀브의 산림경영 철학을 듣고 있는 학생들

사진 5. 와일드우드 내 습지에 자라는 스컹크 배추

사진 6. 독수리 둥지가 있는 나무 밑에 떨어진 야생동물 유골

사진 7. 와일드 우드에서 실시된 말을 이용한 원목 운반 세미나를 기념해 한 참가자가 나무등걸에 조각한 말의 모습

사진 8. 성인 프로그램

자. 사례 8: 타마가와 (玉川) 학원 캐나다 프로그램

사진1. 타마가와 나나이모 분교 건물

(1) 타마가와 학원

일본 타마가와 학원은 사립교육기관으로 전인교육 (全人教育)을 목표로 1929년 초등학교 설립을 시발로 각급학교를 추가 설립해 현재는 한 캠퍼스 내에서 유치원부터 대학원교육까지 이루어지는 종합교육기관이다. 평생교육, 원격교육, 24시간 교육 등 타마가와 학원의 12 가지 교육이념 중 눈에 띄는 두 가지는 국제교육과 환경교육 이다. 이같은 교육이념에 맞게 태평양 연안의 여러 나라 대학들과 학생들을 교류하고 있다.

(2) 타마가와 나나이모 분교

타마가와 나나이모 분교는 기후환경이 다른 지역에서 대학생들을 위한 농업 교육을 목적으로 1976년 설립되었다. 나나이모 시 남쪽의 농업지역에 위치하고 있다. 85에이커 (약 10만평)의 대지 내에는 호수가 있으며 농장, 36명까지 수용할 수 있는 기숙사 시설, 강의동, 사무실, 실험실,

도서실 등이 갖추어져 있다. 설립 초기에는 농업 중심의 현장 실습교육이 이루어졌으나 현재는 학점교류 협정을 맺고 있는 나나이모 시 소재 말라스피나 대학 (Malaspina University College)에서 위탁교육을 맡고 있다. 교육내용도 과거 농업 중심에서 최근에는 환경, 생태, 농업이 환경이나 토지에 미치는 영향 등으로 크게 바뀌었다. 현재 나나이모 분교의 농장과 실험실 등 시설은 타마가와 대학의 학부 학생들이 실습이나 연구용으로 쓰이고 있다.

(3) 타마가와 학원 중학생 프로그램

1984년부터 여름 방학 기간 중 중학생들을 위한 연수프로그램을 운영하고 있다. 하계 연수 프로그램의 목적은 영어교육과 자연관찰 및 야외활동을 통해 심신을 단련하고 자연환경 및 국제문화의 이해를 증진시키는데 있다. 프로그램 기간 중 학생들은 필드트립 기간을 제외하고 타마가와 나나이모 분교 캠퍼스에 생활하며 각종 학습활동에 참여한다. 교육 대상은 타마가와 학원의 중학교 2-3학년 학생들이며 매번 20-30명의 학생들이 참여한다. 일본인 인솔교사가 있지만 직접 교육에는 참여하지 않고 보호자 역할만 한다. 모든 학습활동은 현지에서 채용한 강사들에 의해 영어로 진행된다. 학생들은 캐나다에 체류하는 동안 일본의 부모들과 화상접촉을 통해 첨단 통신기술로 인해 가능하게 된 지구촌화한 세계를 직접 체험한다. 학생들은 타마가와 나나이모 캠퍼스에 거주하며 주말에는 캐나다 가정에서 홈스테이하면서 캐나다 문화를 체험한다.

(4) 프로그램 내용

1일: 밴쿠버 공항도착 및 나나이모 분교 캠퍼스로 이동, 캠퍼스 오리엔테이션

2일: 프로그램 오리엔테이션, 농장실습

3일: 영어학습, 농장실습, 필드트립 오리엔테이션

4일: 야외활동 캠프로 이동, 자기소개, 자연관찰, 자연다큐멘터리
5일: 카약타기, 나침반 사용법 및 방향 찾기,
6일: 1박2일 캠핑트립 준비, 카누타기 연습, 카누 캠핑
7일: 암벽타기, 야간 하이킹 및 야간 자연관찰
8일: 생존게임, 종합정리 및 토론, 홈스테이 가정 입주
9일: 홈스테이 체험
10일: 홈스테이, 영어학습
11일: 영어학습
12일: 현지학교 방문 및 현지 학생들과 교류
13일: 빅토리아 트립 (박물관, 수족관, 정원, 시내관광 등)
14일: 원주민 마을 방문 및 원주민 문화 체험
15일: 밴쿠버 스텐리 공원 및 수족관 방문
16일: 도쿄 출발

(5) 타마가와 나나이모 분교 사진

사진 2. 사무실 및 식당 건물

사진 3. 강의실 (나나이모 타마가와 홀)

사진 4. 야외 활동 장면

사진 5. 실내 수업 장면

5. 맺 음 말

이 책은 현장중심의 환경교육 프로그램을 운영하고 있는 해외 환경교육 기관을 대상으로 사례연구를 실시하고 이들이 운영하는 프로그램의 특징과 공통점들을 정리한 것이다. 또 그같은 내용이 우리나라 환경교육의 변화를 위해 시사하는 바를 찾고자 함이 주목적 이었다. 이 연구를 통해 얻은 결론은 다음과 같이 요약정리 할 수 있다.

교육이 이루어지는 주된 장소가 학교 교실이 아니라 학교 밖의 현장이라는 점이다. 강의실이 따로 없고 숲, 개울, 갯벌, 습지는 물론 마을, 산업시설, 농장, 원주민 마을 등 다양한 현장에서 교육이 이루어진다. 현장은 꼭 자연생태계 뿐만 아니라 환경오염이나 파괴가 일어난 지역, 지역사회 내의 다양한 생산 가공시설, 쓰레기나 오물 처리 현장도 포함된다. 현장 중심 교육은 체험과 관찰을 통해 학생들이 교실 등에서 간접적으로 배운 내용을 자신의 것으로 체화시키는 역할을 한다. 이는 교육목적에 부합하는 곳이라면 어느 곳도 훌륭한 교실이 될 수 있음을 시사한다.

학교가 위치해 있는 장소나 주위의 자연환경 또한 매우 중요한 역할을 한다. 현장 중심의 교육 프로그램을 운영하고 있는 교육기관은 모두 학교 주위에 파괴되지 않은 천혜의 자연 현장을 갖고 있어 언제든지 손쉽게 이들을 활용 하고 있었다. 따라서 관심 있는 학생들은 실습시간 이외에도 언제든지 같은 장소를 반복해서 방문하여 연구조사 활동은 물론 개인적으로 자연과 교감 하는 시간을 가질 수 있다.

교육의 목적은 학생들의 연령층에 따라 구분할 필요가 있다. 초등학교부터 중학교 과정까지는 자연 관찰을 중심으로 한 체험 위주의 프로그램을 통해 궁극적으로는 자연 이해능력을 높이는 것을 목표로 할 수 있다. 그러나 의식수준이 높아지고 사회문제와 이를 개선하고 변화시키는데 관심이 생기기 시작하는 고등학교 학생 수준에서는 체험이상의 환경교육이 필요하다.

고등학생이나 대학생을 대상으로 한 환경교육 프로그램은 구체적이고 현실적인 문제해결에 초점을 맞추고 학생들로 하여금 문제해결 능력을 배양하는 것을 목표로 하고 있었다. 대학에서처럼 특정 학문분야를 체계적으로 또는 이론적으로 배우거나 연구하는 것을 목표로 하지 않고 현재 지역사회가 안고 있는 현실적인 문제를 해결하는 것을 목표로 한다. 많은 환경문제들이 3개월 한 학기처럼 짧은 교육기간 내에 해결될 성질의 것은 아니지만 교육기간 동안 당면 문제를 놓고 배우고 실습하고 고민하고 연구하면서 문제를 부분적으로 해결하거나 문제해결에 기여하는 성과를 거두는 것을 목표로 한다. 문제해결과정에 참여하고 기여하는 것 자체가 체험 교육의 중요한 일부가 된다. 즉 천혜의 자연환경만이 체험의 대상이 아니라 복잡한 환경문제의 해결과정도 학생들의 문제 해결 능력배양을 위한 훌륭한 체험대상이 될 수 있음을 시사한다.

일반 대학에서는 특정 학문을 대상으로 기초부터 고급내용으로 발선시키거나 일반적인 분야를 세분화 또는 전문화시키는 방법으로 교육 프로그램이나 커리큘럼을 설계하고 운영한다. 그러나 현장 중심의 환경교육기관에서는 지역사회가 안고 있는 환경문제를 출발점으로 해서 이를 해결하기 위해 필요한 지식과 기술을 습득하는 것을 교육내용으로 삼는다. 즉 모든 교육은 문제 중심으로 이루어진다. 따라서 교육기간 중 학생들이 참여하는 실습, 연구 등 모든 학습 활동이 지역사회의 환경문제와 연관을 맺고 있다. 따라서 모든 학습활동은 학생들 자신이 지금 하고 있는 연구나 조사 활동이 궁극적으로 지역사회의 환경 문제해결에 어떻게 도움이 되는지를 끊임없이 상기시키면서 진행된다.

교육방법 또한 강사 중심의 일방적 주입식이 아니라 현장에서 실습 등을 통해 학생들이 직접 손과 발을 움직여 스스로 배우도록 한다. 학생들 스스로 생각하게 하고 문제를 해결하도록 한다. 교사는 단순히 학생들이 배우고자 하는 내용을 일방적으로 알려주는 것이 아니라 학생들이 스스로 그것을 찾아낼 수 있도록 도와주는 역할에 치중한다. 따라서 강의 보다는 현장 실습 위주로 학습이 이루어진다.

학교가 위치한 장소는 주위에는 자연환경을 바탕으로 한 경제구조를 갖는 지역사회가 존재한다. 따라서 학생들이 프로그램과정에서 배우는 환경문제들이 현실세계와는 무관한 것을 다루는 것이 아니라 현재 지역사회에서 일어나고 있는 문제나 지역사회 주민들의 관심이나 이해가 걸려있는 현실적인 문제를 다룬다. 따라서 교육, 연구, 지역사회가 유기적으로 연관성을 갖으면서 상호 도움을 주고받는 하나의 협력 체제를 구축하게 된다. 이럴 경우 학교는 매우 실용적인 교육과 연구 활동을 펼칠 수 있으며 지역사회 또한 학교로부터 당면한 환경문제 해결을 위한 많은 도움을 받을 수 있게 된다.

환경교육은 환경학, 생태학 자연과학처럼 관련된 분야의 학생들만을 대상으로 하지 않고 모든 학생들에게 문호를 개방하여 참여하는 학생들의 학문적 배경과 경험을 공유해 학습효과가 높아질 수 있다. 특히 토론과 같이 모든 학생들의 참여를 통해 배우게 되는 학습활동의 경우 참여 학생들의 학문적 분야가 다양 할수록 높은 교육적 효과를 거둘 수 있다. 다양성이 높을수록 그만큼 다양한 현실사회를 더 잘 반영 할 수 있기 때문에 토론을 통해 얻어지는 결론은 좀더 현실적인 것이 될 수 있다.

조사대상의 많은 환경교육 프로그램이 국경을 넘어 이루어지고 있다. 지구촌화 시대에 국경을 넘어 교육이 이루어지고 있는 것은 이제 대수롭지 않은 일이 되었다. 그러나 국경을 넘어 이루어지는 교육의 방향은 그동안 개발도상국에서 선진국으로 일방적인 흐름이 주류를 이루었다. 즉 개발도상국의 학생들이 선진국의 좀더 앞선 지식, 기술, 문화 등을 배우는 것이 대부분이었다. 그러나 조사대상의 많은 교육프로그램이 이같은 국경을 넘어 이루어지는 전통적 교육의 흐름을 역류해 이루어지고 있는 점이 특징이었다. 이는 교육이 경제적인 수준을 쫓아 이루어지는 것이 아니라 장소 중심의 교육을 추구하는 것을 보여주는 예이다.

오늘날 우리의 삶의 공간은 나라 밖으로 크게 확대되고 있고 우리가 국내에서 소비하는 물품의 상당수도 해외에서 생산되어 수입된 것이다. 점점 지구촌화 되어가는 시대에 살면서 우리는 우리자신의 소비로 인해 부지불식간에 다른 나라의 자연환경에 영향을 미치고 있다. 이같은 현실 속에서 우리가 갖추어야 환경의식도 국내적 공간을 넘어 국경 밖으로 까지 확산되어야 할 필요가 있다. SFS의 모든 교육 프로그램이 해외에서 이루어지고 있으며, 일본의 각급 학교에서 해외 각국으로 학생들을 보내 환경체험 교육을 실시하고 있는 이유도 같은 맥락에서 이해 할 수 있다. 자연자본이 부족한 국내의 환경적 여건 때문에 불가피하게 해외의 생물학적 생산능력에 크게 의존하지 않을 수 없는 우리나라의 경우 그 어느 나라보다 해외 환경문제에 관심과 이해를 늘려야 할 입장에 있다.

오늘날 지구상에서 인류문명이 1.2개의 지구를 필요로 하는 생태적 발자국을 남기는 소비활동이 이루어지면서 우리사회를 지속가능하게 만드는 일이 그 무엇보다 중요한 시대를 맞이하고 있다. 우리사회를 지속가능하게 만드는 일은 일인당 국민 소득을 2만불 또는 3만불로 올리는 것 보다 훨씬 더 절박한 문제이다. 그럼에도 불구하고 우리사회를 지속가능하게 변화시키려는 노력은 소득을 향상시키려는 노력에 비해 크게 미흡하다. 소득이 높아지면서 삶의 질이나 개인의 행복이 높아지는 것이 아니라는 것은 이미 높은 소득을 달성한 선진국들에서 실시된 과학적 연구조사(Lane, 2000)를 통해 널리 알려진 사실이다. 그럼에도 불구하고 소득수준을 최대한으로 향상시키는 것을 우리사회의 최고의 가치로 신봉하고 있는 것은 우리사회가 갖고 있는 커다란 잘못된 믿음 때문이다. 이같은 잘못된 믿음은 성장제일주의의 정부정책이나 그같은 수요에 맞는 인력을 양성하려는 각급교육기관에 커다란 책임이 있다. 이러한 잘못된 믿음을 타파하는 것도 환경교육의 커다란 목적 중의 하나이다.

우리나라가 처해 있는 열악하고 위태로운 환경적 현실은 앞서 언급한 바와같이 글로벌 풋프린트 네트워크 (Global Footprint Network)에서 각국의 생태학적 발자국 크기를 집계한 보고서에 잘 나타나 있다. 이 보고서에 따르면 우리나라 국토의 일인당 생물학적 생산능력은 0.6 ha 인데 비해 우리나라 국민 일인의 소비량을 뒷받침하기 위해 필요한 토지 면적은 3.4 ha로 매년 우리 국민 일인의 소비를 위해 다른 나라로부터 2.8 ha의 토지 생산능력을 빌어다 쓰고 있는 셈이다. 우리나라는 국민 총생산으로 따지면 세계 10위권에 속하는 경제대국이고 부유국들만 회원으로 되어 있는 경제개발협력기구 (OECD)에도 가입 되어있다. 그러나 우리 국토의 생산능력 대비 소비량 비율은 5.7로 세계에서 그 비율이 가장 높은 국가들에 속한다. 또 이같은 국토의 생산능력과 소비수준과의 비율을 놓고 따지면 우리나라가 처한 환경적 현실은 중동의 사막국가인 사우디아라비아, 레바논, 이집트 등과 크게 차이나지 않는다. 이같은 생태적 외채 현상은 국민소득이 높아지면 질수록 더 심각해질 전망이다. 현재 이같은 문제를 자유무역을 통해 해결하려 하는 것이 국제적인 추세이지만, 이같은 해결방법은 오래가지 못할 것이 뻔하다. 이미 지구 전체적으로도 지속가능한 생물학적 생산량을 초과하는 소비가 이루어지고 있기 때문이다. 지속가능한 생산능력을 초과하는 소비는 미래 세대들의 몫을 현세대들이 미리 앞당겨 쓰는 것과 마찬가지이다. 우리나라와 같이 자연자본이 빈약한 나라는 현재의 소비로 인해 다른 나라뿐만 아니라 미래 세대들에게 까지 커다란 빚을 지고 사는 셈이 된다. 따라서 다른 나라나 미래 세대들에게 생태적으로 좀더 떳떳한 삶의 방식을 실천하고 확산시키는 일이 무엇보다 중요하다. 이 또한 적절한 환경교육을 통해 가능할 수 있는 일이다.

환경문제는 이제 과거의 수질오염이나 대기오염과 같은 특정 분야에 국한된 문제가 아니라 우리 모두의 생존과 삶의 질이 걸려있는 문제가 되었다. 따라서 환경교육도 특정분야의 전문인을 양성하기보다 당장의 현실적인 문제로 다가온 환경문제를 해결하는데 능동적으로 대처할 수 있는 시민을 양성하는 것을 목표로 삼아야 할 것이다. 환경교육은 자신이 몸담은 지역사회를 좀더 살기 좋고 지속가능하게 만들기 위한 노력의 출발점이다.

6. 참고문헌

Bartlett, A. 1996. The exponential function XI: The new flat earth society. The Physicis Teacher. 34, 342-343

Daly, Herman. 1996. Beyond Growth. Beacon Press.

Fukuoka, M. 1978. The One Straw Revolution: An Introduction to Natural Farming. Rodale Press.

Global Footprint Network. 2004. Humanity's Footprint 1961-2001.

Hawken, Paul, Amory Lovins, and L. Hunter Lovins. 1999. Natural Capitalism. Little, Brown and Company.

Halweil, Brian and Danielle Nierenberg. 2004. Watching What We Eat. In. State of the World 2004. World Watch Institute.

Lane, R. 2000. The loss of happiness in market democracies. New Haven, CT: Yale University Press.

Leslie, Clare Walker, John Tallmadge, and Tom Wessels. 1999. Into the Field: A Guide to Locally Focused Teaching. Nature Literacy Series No. 3. The Orion Society.

Loomis, Ruth and Merv Wilkinson. 1995. Wildwood. Reflections.

McDonough, William and Michael Braungart. 2002. Cradle to Cradle. North Point Press.

Mollison, Bill. 1979. Permaculture Two. Tagari Books.

Monteverde Institute. 2002. Monteverde Journal 2002. Monteverde Institute.

Monteverde Institute. 2004. Various materials on programs and schedules.

Morell Nature Sanctuary. 2004. Program Guides: Forest Detective, Spores and Seed, Webb Wonder, Fascinating Feather, Meet a Tree. Morell Nature Sanctuary Society.

Niosi, Goody. Magnificiently Unrepentant: The Story of Merve Wilkinson and Wildwood. Heritage.

Orr, David. 1992. Ecological Literacy: Education and the transition to a Postmodern World. State University of New York Press.

Orr, David. 1994. Earth in Mind: On Education, Environment, and the Human Prospect. Island Press.

Orr, David. 2002. The Nature of Design: Ecology, Culture, and Human Intention. Oxford Press.

Paone, Sergio. 2000. Farmed and Dangerous: Human health risks associated with salmon farming. Friends of Clayoquot Sound.

Ponting, Clive. 1991. A Green History of the World. Penguin Books.

Rees, William E. Globalization and Sustainability: Conflict or Convergence? Bulletin of Science, Technology & Society. 22(4): 249-268.

School For Field Studies. 1999-2004 Various Materials from Academic Handbooks, 5 year Research Plans, Final Reports, Academic Portfolios, Directed Research Papers etc. from centers of Canada, Mexico, Costa Rica, Australia, and Head Office.

Sobel, David. 2004. Place-Based Education: Connecting Classrooms & Communities. Nature Literacy Series No. 4. The Orion Society.

Sterling, Stephen. 2001. Sustainable Education: Revisioning Learning and Change. Schumacher Society.

Wackernagel, Mathis and William Rees. 1996. Our Ecological Footprint. New Society Press.

Wada, Y. 1993. The appropriated carrying capacity of tomato production comparing the ecological footprints of hydroponic greenhouse and mechanized field operations. Unpublished master's thesis, University of British Columbia.

World Watch Institute. 2004. Gardner, Gary, Erik Assadourian, and Radhika Sarin. The State of Consumption Today. In State of the World 2004. World Watch Institute.

한국은행. 2004. 경제통계 시스템.

통계청. 2004. 에너지/환경, 쓰레기 발생량 통계.

7. 면담자

Dr. Francisco Ollervides. Center Director. Center for Coastal Studies, Mexico.

Dr. Geraldo Avalos. Resident Faculty. Center for Sustainable Development Studies. School For Field Studies, Costa Rica.

Dr. Ingemar Hedstrom. Resident Faculty. Center for Sustainable Development Studies. School For Field Studies, Costa Rica.

Dr. Nolan Quiros. Director. Center for Sustainable Development Studies. School For Field Studies, Costa Rica.

Mr. Jay Rastogi. Wildwood Manager. Land Conservancy. Nanaimo.

Mr. Nat. Scrimshaw. Director. Monteverde Institut, Costa Rica.

Mr. Salvador Garcia-Martinez. Resident Faculty. Center for Coastal Studies, Mexico.

Mr. Trevis Cote. Operation Manager. Tamagawa Nanaimo Center.

Ms. Paloma Valdivia. Instructor. Center for Coastal Studies, Mexico.

Ms. Tina Quiros. Instructor. Center for Sustainable Development Studies. School For Field Studies, Costa Rica.

8. 사진자료 협조

Monteverde Institute, Costa Rica
Morell Nature Sanctuary, Nanaimo, Canada
School For Field Studies. 캐나다, 멕시코, 코스타리카 센터.
Wildwood Farm, Ladysmith, Canada

저자약력

탁 광 일

고려대학교 임학과 졸업
캐나다 레이크헤드 대학 석사
캐나다 브리티시컬럼비아 대학 박사
오스트리아 IIASA(International Institute for Applied Systems Analysis) 연구원
미국 School For Field Studies 캐나다 센터 교수
현 국민대학교 산림자원학과 교수
(사)숲과 문화 연구회 운영위원
(사)생명의 숲 국민운동 운영위원

저 서 :

숲과 자연교육 (편저)
희망의 숲 (역저)
숲은 연어를 키우고 연어는 숲을 만든다
아름다운 우리 숲 찾아가기 (공저)
숲이 희망이다 (공저)
생물다양성과 민주주의 (역저)

숲으로 간 학교

발 행 일	2006년 2월 28일	저 자	탁 광 일
발 행 인	김 문 환	발 행 처	국민대학교 출판부
주 소	서울시 성북구 정릉동 861-1		
전 화	02-910-4243	팩 스	02-910-4030
등록년월일	1975. 6. 17	등록 번호	제6-33호
인 쇄	(주)상지피앤아이		

 ISBN89-7812-123-3 93370 가격 12,000원